Chloé Nabédian

La météo devient-elle folle ?

éditions du
ROCHER

Éditions du Rocher
28, rue Comte Félix Gastaldi – BP 521 – 98015 Monaco

www.editionsdurocher.fr

ISBN : 978-2-268-10280-1
EAN epub : 9782268102986

PRÉAMBULE

La météo devient-elle folle? C'est probablement la question que l'on me pose le plus souvent. C'est vrai que la météo a de quoi nous interpeller, car c'est une science que l'on ne peut pas contrôler. Nous avons tous besoin d'explications rationnelles et scientifiques pour nous rassurer, pour comprendre ce qui est en train de se passer dans notre ciel. Il y a en nous une peur réelle de ne pas pouvoir freiner l'emballement climatique et d'en être victimes sans pouvoir y changer quoi que ce soit.

Il faut dire que la météo apporte son lot d'événements spectaculaires: tempête, inondation, avalanche, blizzard, cyclone, tornade, sécheresse… Ce sont des phénomènes qui ont toujours existé, mais aujourd'hui nous avons la sensation qu'ils deviennent de plus en plus nombreux et intenses au fil des années.

Depuis 7 ans que j'étudie la météorologie, j'ai pu constater à quel point c'était une science aussi passionnante que récente. Les hommes et les femmes que j'ai rencontrés ont conscience de l'étendue des possibilités existantes pour tenter d'apprivoiser au maximum un outil qui n'est pas sûr à 100 %, ce que nous oublions souvent. Professionnel de la météo, scientifique, ingénieur, navigateur, autodidacte, chacun apporte sa pierre à l'édifice pour continuer de faire avancer les connaissances dans ce domaine remarquable.

La météo est une passion française qui nous touche tous à différents niveaux. Elle permet de savoir comment bien protéger nos enfants lorsqu'ils vont à l'école, de prendre une décision concernant nos week-ends, nos vacances, nos loisirs. Mais depuis quelque temps, nous nous sommes rendu compte que la météo a un impact encore plus puissant sur notre quotidien et qu'elle peut bousculer nos vies, nous obligeant à nous adapter à elle – le cas le plus manifeste étant celui de tous ces professionnels météo-dépendants, comme les agriculteurs.

Ce sont toutes ces expériences, ces rencontres, ces inquiétudes qui ont fait naître en moi l'idée de ce livre. Je vous propose de m'accompagner au fil des entretiens avec des professionnels, pendant toute une année, pour mener ensemble une enquête et tenter de répondre à cette question :

la météo est-elle devenue folle ?

LA MÉTÉO DANS L'HISTOIRE

L'intérêt pour la météo remonte à des temps très anciens. La Bible lui a donné une grande importance à travers le récit de l'arche de Noé. Les hommes pensaient à cette époque que les phénomènes climatiques étaient contrôlés par Dieu. Selon la Genèse, après la création du monde, les enfants d'Adam et Ève s'installèrent sur Terre. Les hommes et les femmes se multiplièrent mais le développement de leur civilisation était source de violence. Pour manifester sa colère, Dieu prit alors la terrible décision de déclencher le Déluge pour punir les humains qu'il jugeait mauvais. Seul Noé eut grâce à ses yeux car il était resté un homme bon et juste. Dieu décida donc de l'épargner, lui et sa famille, et lui ordonna de construire un gigantesque bateau, une arche, pouvant accueillir également un mâle et une femelle de chaque espèce animale. C'est seulement quand Noé eut embarqué que Dieu fit pleuvoir 40 jours et 40 nuits pour nettoyer la Terre des mauvaises âmes. Seuls les passagers de l'arche de Noé s'en sortirent indemnes car Dieu leur avait donné tous les conseils à suivre pour survivre à cette tempête cataclysmique créée par Lui.

Dans l'Antiquité, ce sont les dieux de la mythologie qui étaient responsables des phénomènes climatiques. Zeus (Jupiter en romain) exprimait sa colère à travers la foudre et le tonnerre, Poséidon (Neptune en romain), le dieu des mers, pouvait provoquer de terribles tsunamis. On peut également citer Déméter (Cérès en romain), déesse des moissons et des saisons, Éole (Aeolus en romain), dieu des vents, Hélios (Sol en romain), dieu du soleil… Des centaines d'années plus tard, c'est toujours en Grèce que l'on commence à percevoir la météo comme une science. Aristote fut le premier à écrire un ouvrage appelé *Les Météorologiques*, dans lequel il explique le temps à travers les quatre éléments : le feu, l'eau, l'air et la terre.

Au XVe siècle, il faut évoquer la bataille d'Azincourt, ou comment les pluies intenses sauvèrent l'Angleterre. Le roi Henri V sait qu'il s'engage dans un combat dont il ne reviendra pas, ses troupes étant bien moins nombreuses que celles des Français. Et pourtant la météo fera basculer le cours de l'Histoire en cette année 1415.

Rappelons que nous sommes en pleine guerre de Cent Ans où les batailles s'enchaînent sans fin. À cette période, en France, les querelles règnent entre Bourguignons et Armagnacs, qu'elles divisent depuis de nombreuses années. Chaque camp a par ailleurs demandé l'aide des Anglais à un moment donné du conflit. Lorsque Henri V prend place sur le trône d'Angleterre, sa légitimité est sans cesse remise en cause. Des conspirateurs envisagent un renversement. Une idée lui vient alors : reprendre les batailles de son illustre père, et se relancer dans une guerre contre la France. Il revendique l'ensemble des fiefs perdus par ses aïeuls et même le trône de France, qu'il juge sien au vu de sa filiation.

La conquête débute en août 1415. Henri V décide de reprendre la région stratégique de Normandie. Les Français défient les Anglais en un lieu choisi : une petite clairière pentue et étroite, entourée de deux forêts. Les armées se font face le soir du 24 octobre 1415 et se préparent à la bataille qui sera lancée au lever du jour car, d'un commun accord, les belligérants ont décidé de reporter au lendemain la bataille, la pluie tombant en abondance ce soir-là. Côté français, l'écrasante troupe qui s'est constituée leur donnant à penser qu'ils seront les grands vainqueurs, ils n'attendent que le moment où l'attaque sera lancée. Côté anglais, la crainte gagne les troupes. Leur roi a conscience de leur infériorité numérique : deux à trois fois moins nombreux que les Français. Pendant ce temps, de violentes précipitations transforment la belle clairière en un véritable bourbier.

Rapidement, les chevaliers français sont déstabilisés par ce tapis de boue qui leur fait face. Les Anglais démarrent le combat en s'avançant d'un pas pour être à portée de tir et décochent une pluie de flèches. Les Français se ruent sur les archers qui se retirent au dernier moment, laissant surgir derrière eux de gigantesques pieux qui ont facilement été installés dans la nuit grâce à la pluie qui a ramolli le sol. Les chevaux s'empalent, les cavaliers tombent à terre et s'embourbent. Trop lourdement armés et lestés par le poids de leurs armures, les chevaliers français s'enfoncent dans la boue, incapables de se relever. Ils meurent littéralement étouffés dans cette glaise. Les deux forêts ne laissent qu'un espace de seulement 900 mètres entre les deux camps. Le surnombre des Français va rapidement devenir un désavantage dans ce lieu si étroit. Ils se gênent, se ralentissent, les morts devant eux freinent leur avancée, les voilà piégés par la boue, vulnérables et à portée de tir des Anglais qui, malgré leurs effectifs plus faibles, peuvent les terrasser de leurs flèches. Henri V ira jusqu'à tuer les chevaliers faits prisonniers, craignant une attaque surprise pour les libérer. Ce sera un désastre affligeant pour la chevalerie française.

À la fin du combat, selon les écrits, on dénombrera jusqu'à 1 500 victimes du côté des Anglais pour plus de 5 000 Français. Cette défaite française va aggraver la guerre civile dans l'hexagone car certaines régions signeront des accords de paix avec l'adversaire. Pour les Anglais, cette victoire restera dans les mémoires comme l'une des plus glorieuses. Les très fortes pluies ont donc fait pencher la balance en leur faveur, alors qu'un sol sec aurait probablement changé le cours de l'Histoire.

Il faudra encore attendre près de quatre siècles pour que la météo soit véritablement considérée comme une science et étudiée. Nous sommes en 1854, la Russie menace l'Empire Ottoman. Français et Anglais décident alors de s'engager pour contrer leur ennemi commun. Plus de 120 000 Français partent pour la Crimée. Napoléon III a tout prévu sauf un paramètre qui lui sera fatal : les caprices du temps. Les armées vont en effet subir de terribles conditions climatiques. Sur terre, les soldats souffrent du brutal hiver russe avec ses températures qui chutent jusqu'à -25 °C. Leurs tenues ne les protégeant pas de ce froid redoutable, les trois quarts des soldats décèdent. En mer, la situation est tout aussi catastrophique, ce qui va donner un tournant inattendu à l'issue de cette bataille. Le 14 novembre 1854, une terrible dépression, que certains qualifient même de cyclone, se lève au-dessus de la Crimée. Une mer démontée, des vents violents… les navires ne résisteront pas à cette effroyable tempête qui en fera chavirer trente-huit, avant même le début des combats.

De ce traumatisme naîtra la volonté de prévoir le temps, d'admettre qu'il existe des signes avant-coureurs du soulèvement des éléments. Urbain Le Verrier, qui devient à cette même période le nouveau directeur de l'Observatoire de Paris, décide de comprendre ce qui s'est passé ce jour-là. En analysant l'évolution des vents, depuis la France vers la Crimée, il en conclut qu'il aurait été possible de prévoir le déplacement de cette tempête, de l'anticiper afin de protéger les navires. Quelques années plus tard, l'Observatoire de Paris publie presque quotidiennement des données météorologiques. Ce sont les prémices des prévisions météorologiques telles que nous les connaissons aujourd'hui.

Au moment de la Grande Guerre, les innovations sont multiples tant les besoins sont immenses. La période de 14-18 est notamment marquée par la collaboration inédite entre le ministère de la Guerre et le Bureau central météorologique (l'ancêtre de Météo-France). Connaître les aléas du temps à court terme devient un enjeu tactique. À raison de trois fois par jour, les prévisionnistes fournissent les données météo pour la journée suivante afin de permettre aux stratèges de positionner correctement leurs troupes dans la zone choisie. Selon le rapport de l'amiral Jehenne, commandant des formations de marins détachés aux armées, c'est dès la fin de l'année 1914 que l'on commence à utiliser ces données pour, selon ses dires, « *prévoir* [...] *les circonstances favorables aux incursions d'aéronefs ennemis sur la capitale, afin de prendre les mesures nécessaires* ». Une véritable révolution ! C'est le début de l'émergence de cette science et de son développement.

Dans ce rapport, l'amiral Jehenne raconte que ce sont les militaires eux-mêmes, les escadrilles d'avions de bombardement – en particulier celles basées en Lorraine –, qui ont demandé la création d'un service météorologique militaire : « *Les avions de bombardement, à cause de leur lenteur relative, des grandes distances à parcourir au-dessus des lignes ennemies, de l'influence considérable des éléments atmosphériques sur leur rayon d'action, ne pouvaient en effet rester indifférents aux phénomènes météorologiques* », nous raconte l'amiral. Une clairvoyance qui n'a cessé de grandir au fur et à mesure que cette guerre avance. Il apparaît donc nécessaire que le ministère de la Guerre développe son propre service météo car il manque des données cruciales que le Bureau central météorologique ne peut pas lui fournir. Le début du XXe siècle est effectivement marqué par l'émergence de l'aéronautique, une technologie innovante qui en est à ses balbutiements et qui nécessite donc des besoins très particuliers. On prend alors conscience du double intérêt de la météo : tout d'abord l'analyse des vents en altitude, qui peuvent représenter un véritable danger pour les pilotes, mais également certaines conditions météorologiques susceptibles d'empêcher les avions de décoller, sans compter l'aide des équipes au sol en cas de brouillard. En novembre 1916 est créé le premier service météorologique rattaché au ministère de la Guerre, avec plus de 2 000 militaires sur tout le réseau des stations, ainsi qu'un service de prévisions indépendant.

Très vite, l'intérêt des autorités aéronautiques rejoint les besoins des troupes au sol. La Première Guerre mondiale est marquée par l'utilisation des gaz de combat, du gaz lacrymogène jusqu'au gaz moutarde, chacun, vous l'aurez compris, ayant des conséquences très différentes sur l'ennemi. Cependant, les conditions extérieures ont une immense influence sur la toxicité et la dispersion de ces gaz. La pluie, les températures extrêmes ou encore le vent, sa puissance et sa direction, sont autant d'éléments à prendre en compte lors d'une attaque. Toujours selon ce rapport, c'est en mai 1915, à la demande de l'ingénieur de la Marine Cartier – qui a collaboré à la création de ces premières compagnies de gaz –, qu'un véritable service météorologique est créé. Chaque compagnie locale étant dotée d'un poste météo et d'une station, toutes ensemble établissent la prévision des vents locaux. Peu de temps après, en août 1915, le lieutenant-colonel Barès, alors commandant de l'aéronautique aux armées, décide lui aussi de créer un service météorologique, indépendant des compagnies de gaz, et spécialisé à l'usage de l'aviation et de l'aérostation. Comme ses collègues, il est convaincu de l'extrême importance de connaître l'état de l'atmosphère pour mener à bien les missions. De son côté, l'artillerie prend conscience à son tour de l'importance des données atmosphériques pour les corrections de tirs, puis ce sont les canonniers-marins qui font de même et vont jusqu'à perfectionner leurs méthodes, convaincus que la justesse de leur tir parviendra à convaincre définitivement les plus réfractaires à l'utilité d'étudier l'atmosphère. Il faut bien comprendre qu'à cette époque, avant la Première Guerre mondiale, l'enseignement de la météorologie était considéré comme fantasque et vain, donc inexistant dans les grandes écoles, que ce soit à Saint-Cyr ou à l'École de la Guerre. Personne ne semblait se soucier de l'intérêt tactique et stratégique de la connaissance de l'atmosphère. Sir Napier Shaw, alors directeur du Meteorological Office, la version anglaise du Bureau central météorologique, a exprimé une vérité que beaucoup ont ensuite prise au pied de la lettre, bien des années plus tard : « *De deux adversaires égaux en force, et toutes choses égales par ailleurs, c'est celui qui saura le mieux se servir de la météorologie qui vaincra l'autre.* »

À la fin de la Grande Guerre, les moyens humains sont passés de 50 à 2000 soldats pour étudier la météorologie. Cette science connaît un essor considérable qui ne va plus s'arrêter par la suite.

Ces données sont réservées à ce moment précis aux armées mais, très vite, elles seront accessibles au grand public grâce à la tour Eiffel. On oublie parfois que la Dame de fer n'a pas été détruite, au terme de l'Exposition universelle de Paris de 1889, du fait de ses incroyables possibilités pour aider la science. D'ailleurs, Gustave Eiffel avait imaginé ces éventualités dès la création de cette tour de 324 mètres de hauteur. Dès le début de son existence, le Bureau central météorologique y a établi une station d'observation. Au même moment est installée une antenne à son sommet. Nous sommes alors aux balbutiements de la télégraphie sans fil, et l'expérience est un succès. Ces installations seront précieuses lors de la Première Guerre mondiale, notamment pour l'envoi de messages décisifs, dont le célèbre "radiogramme de la victoire" qui a permis de déjouer l'attaque dans la Marne. C'est en 1920 que l'utilisation de cet outil bascule du domaine militaire au domaine public. Pour la première fois, les Français peuvent entendre un programme à la radio diffusé depuis l'antenne de la tour Eiffel. Et pour la petite histoire, c'est de 1922 que date le premier bulletin météo radiophonique.

La météorologie va connaître de nouveaux développements lors de la Seconde Guerre mondiale. Elle devient un outil stratégique à part entière, compris et utilisé par tous. Une véritable guerre météorologique se met d'ailleurs en place entre les Allemands et les Alliés. Les armées nazies vont déployer leurs propres stations météo sur le sol français dans la zone occupée, réquisitionner toutes les instances officielles qui s'occupent de ce domaine en France ainsi que les stations météo existantes. Leur importance est telle aux yeux d'Hitler qu'il va jusqu'à coder les données recueillies par les célèbres machines Enigma avant qu'elles ne soient transmises. Lors de cette période, on parle même de la "guerre météorologique de l'Atlantique nord". Les flux perturbés arrivant en Europe de l'Ouest par cette zone rendent celle-ci particulièrement tactique : en avoir une parfaite connaissance est devenu primordial aux yeux des Alliés – surtout pour la Grande-Bretagne – et des Allemands. Cette maîtrise leur permet de mieux planifier leurs opérations militaires et d'aiguiller leurs navires et convois dans la bonne direction. L'échec de la guerre de Crimée en 1854 – que nous avons évoquée plus haut – est bien présent dans leurs esprits. Il leur est nécessaire de connaître les moments où la visibilité est optimale pour lancer des bombardements, effectuer des reconnaissances ou, au contraire, se méfier de l'arrivée de l'ennemi qui, lui aussi, peut y voir une fenêtre de tir intéressante. Une météo défavorable peut permettre de retarder une attaque, ce qui sera le cas lors du débarquement en Normandie. Ces informations précieuses vont déterminer la nécessité de mettre en place des stations météo vers le Groenland et l'Islande, dans les deux camps. On parle de guerre météorologique car les attaques sont alors très nombreuses pour tenter de détruire les stations météo ennemies et conserver ainsi un avantage capital.

Après la Seconde Guerre mondiale, la météo connaît une nouvelle avancée, technologique cette fois-ci. La télévision est née, et le premier bulletin télévisuel a lieu le 17 décembre 1946, présenté par Paul Douchy, lors de l'émission du Téléjournal. Un accès encore plus direct à la météo pour le grand public.

Cette science continuera de progresser. Le premier grand pas franchi est l'utillisation des satellites pour affiner les prévisions et mieux appréhender l'étude de l'atmosphère, puis viennent les supercalculateurs, capables d'étendre la durée des prévisions. Chaque jour, la météo se perfectionne, de nouveaux outils apparaissent et de nouvelles questions se posent.

L'ÉPISODE MÉDITERRANÉEN, UN DANGER RÉGIONAL

C'est un des phénomènes météo le plus redouté du sud-est de la France, qui se produit généralement au cœur de l'automne lorsque les eaux de la Méditerranée sont encore surchauffées. Un danger réel pour la population qui craint son arrivée chaque année.

Comment se développe l'épisode méditerranéen ? Devons-nous nous attendre à une aggravation de ce phénomène ? Quels sont les moyens mis en œuvre pour s'y adapter ?

Partons à la rencontre de différentes personnalités : scientifique, architecte, citoyen, journaliste, chacun va nous apporter son éclairage et ses points de vue sur cet événement hors du commun.

Vaison-la-Romaine, 1992

Sous un magnifique pont antique du département du Vaucluse coule l'Ouvèze, une petite rivière jusqu'à ce jour très tranquille. En cette journée du 22 septembre 1992, elle se transforme en une mer déchaînée, et des torrents d'eau se déversent dans le petit village de Vaison-la-Romaine. Les images sont spectaculaires avec des vagues qui se brisent sur le pont, des voitures emportées par les flots et des maisons s'effondrant dans les eaux boueuses. Retour sur cet épisode d'inondation historique.

Tout commence le 21 septembre. Des systèmes orageux très actifs arrivent au-dessus du sud-est de la France, des orages convectifs très intenses qui vont alerter les prévisionnistes de l'époque. Des bulletins d'alerte sont diffusés auprès des autorités départementales. Le 22 septembre au matin, les pluies se renforcent et deviennent stationnaires. Nous sommes dans un cas typique d'épisode méditerranéen, de ceux qui ont lieu à cette saison comme chaque année. Le bulletin d'alerte précisera, à 9 h ce matin-là, que les orages s'annoncent « *d'une rare violence* ». Et ils ont raison. Les pluies abondantes s'abattent sur le village aux alentours de 10 h et stagnent pendant 2 heures. Les pompiers demandent alors aux personnes résidant dans un camping proche d'un ruisseau nommé Le Lauzon (affluent de la Louvèze) d'évacuer les lieux, mais sans résultat. Les campeurs, pourtant informés du risque, n'imaginent probablement pas le destin funeste qui les attend. En ce mardi, le village se remplit – habitants locaux mais aussi des villages voisins – car c'est le jour du marché. Pluie ou pas, ce moment est attendu par tous. Aux alentours de 13 h, les précipitations reprennent avec encore plus de vigueur. Certains constatent qu'un peu d'eau est entré dans leur maison mais personne ne s'inquiète outre mesure, ne sachant pas que le département a reçu des alertes pour ces violentes pluies plus tôt dans la matinée. À cette époque-là, les vigilances de Météo-France, telles que nous les connaissons aujourd'hui, n'existaient pas. La population n'avait concrètement aucun moyen d'être prévenue.

L'Ouvèze monte de près d'un mètre toutes les 10 minutes. Son niveau inquiète. Dans les écoles, les enseignants emmènent les enfants dans des étages supérieurs, juste au cas où, par précaution. Une intuition. À 14 h, les pluies n'ont toujours pas cessé ; au contraire, elles continuent de se renforcer. La rivière se met à gonfler davantage, nombre de ses affluents sont déjà saturés et y jettent leur trop-plein. Cette fois, son niveau « *commence à tourmenter les observateurs du service des crues, les météorologues, les responsables de la sécurité civile et les Vaisonnais* », comme le précise le rapport de la ville, rédigé à la suite des inondations. À 15 h, l'eau commence à recouvrir les sols de la ville d'une dizaine de centimètres. Les pompiers décident alors de se rendre sur place pour aider les riverains. Mais à 16 h… une vague gigantesque se soulève, un torrent monstrueux qui gonfle avec une rapidité déconcertante et engloutit littéralement le camping. Rien ni personne ne sera épargné, l'eau tumultueuse et boueuse emporte avec elle les caravanes et les campeurs. Son niveau a atteint des sommets inimaginables, elle est à 17 mètres au-dessus de la normale, l'équivalent d'un immeuble de quatre étages. À pleine puissance, elle se rue dans le lit principal, endommageant au passage les ponts qui l'enjambent, puis se répand en quelques secondes seulement au cœur de la ville. L'électricité et le téléphone ne fonctionnent plus, Vaison-la-Romaine est coupée du reste du monde. Est aussitôt activé le dispositif ORSEC, qui permet le déploiement d'un programme de secours rapide et efficace. 300 pompiers et 10 hélicoptères sont envoyés en renfort et tentent de porter secours aux personnes réfugiées sur les toits. C'est une scène de chaos à laquelle assistent, impuissants, tous les Vaisonnais mais également les Français, stupéfaits devant leur écran de télévision. Les journaux d'Antenne 2 diffusent des témoignages édifiants : « *Il y avait de l'eau jusqu'au bord des génoises. La maison s'est mise à bouger sur ses fondations, le toit à trembler, et toute la famille a été emportée par les eaux. On a pu récupérer le petit garçon, qui était à 300 m plus loin, accroché à un arbre, mais pas le reste de sa famille, nous n'avons aucune nouvelle* », raconte le témoin de la scène. « *On voyait ces maisons avec des gens sur le toit qui appelaient au secours mais comment faire ? On ne pouvait pas se jeter à l'eau, c'était un torrent avec une pression d'eau énorme. Au niveau du vieux pont ça faisait comme une cascade et ça embarquait les maisons qui étaient au bord, les parkings, les écoles, c'était la panique* », précisera ce Vaisonnais encore très affecté. À 22 h, ce soir-là, la décrue s'amorce enfin et va durer plusieurs heures. Dans les jours qui suivent, pompiers et secouristes cherchent des survivants et tentent d'apporter un peu de chaleur et de réconfort à la population. Malgré leurs efforts, le bilan humain est lourd à Vaison-la Romaine mais également sur l'ensemble de la région : 46 personnes ont perdu la vie.

Le paysage que laisse l'Ouvèze après sa décrue montre l'étendue des dégâts. Selon le rapport officiel, « *une centaine de maisons et des commerces proches du pont romain sont partiellement détruits ; le camping municipal est dévasté. Toutes les constructions situées dans le lit majeur de l'Ouvèze sont totalement sinistrées, certaines ont disparu. Les sites gallo-romains sont endommagés : le site de la Villasse est enfoui sous 3,50 m d'eau boueuse, les vestiges de Puymin, moins touchés, sont envahis de boue. Les sites médiévaux (la cathédrale Notre-Dame de Nazareth et la chapelle Saint-Quentin, le château des comtes de Toulouse) ont aussi souffert de la boue et de l'orage. La culée du pont Valentin s'est déchaussée, le parapet du pont romain a été emporté, le pont neuf a perdu son parapet et le revêtement de son tablier. Il n'y a plus aucun passage pour aller d'une rive à l'autre* », conclut-il. D'un point de vue météorologique, cette crue a été rapide et intense à cause des fortes pluies qui ont gonflé les cours d'eau pendant près de 4 heures. Au total, ce sont 179 mm d'eau qui se sont déversés à Vaison centre, 300 mm à Entrechaux, 240 mm à Mollans, l'équivalent de 1,5 à 3 mois de précipitations.

Après cette terrible catastrophe, la question de l'urbanisme se pose. Vaison-la-Romaine a-t-elle appris des crues passées? « *La municipalité n'a-t-elle pas comblé le lit de l'Ouvèze en amont du pont neuf afin d'y installer le camping et la zone artisanale?* » écrit Yves Leridon, journaliste à l'époque pour *Le Figaro*, dans un article paru le 24 septembre 1992. Cette question est au cœur des préoccupations pour ce village mais c'est également le cas pour la plupart des villes situées dans ces régions sujettes aux épisodes méditerranéens: Draguignan en 2011, Cannes et Mandelieu en 2015 et, plus récemment, Trèbes en 2018. Dans les prochains récits, vous verrez à quel point cette question sera centrale.

Qu'est-ce qu'un épisode méditerranéen ?

Ce phénomène, comme son nom l'indique, concerne exclusivement un secteur bien particulier: le sud-est de la France. Sur ces régions méditerranéennes, il peut tomber jusqu'à l'équivalent de plusieurs mois de précipitations en l'espace de quelques heures ou quelques jours. Des épisodes orageux violents dus à la géographie, car trois ingrédients sont en effet nécessaires à leur formation: la mer, un vent de sud et le relief.

Au départ, il faut que les eaux de la mer soient relativement chaudes afin qu'un réservoir de vapeur se développe à la surface. Quand le vent de secteur sud ou sud-est se lève, il souffle sur cette vapeur d'eau et la pousse vers les terres. Cet air chaud et humide, se heurtant à des reliefs, est obligé de se soulever. En s'élevant, il se refroidit. La vapeur d'eau va donc se condenser, devenir instable et former des nuages d'orage qui, bloqués par le relief, déversent de fortes quantités de pluie qui peuvent être localement violentes. Cette eau fait alors gonfler le niveau des cours d'eau. Les sols, lorsqu'ils sont saturés, n'absorbent plus la pluie, et les eaux se mettent à ruisseler. Rapidement les rivières débordent, provoquant de terribles inondations.

Le saviez-vous ?
Épisode méditerranéen ou cévenol, quelle différence ?

Aucune. Lorsque le phénomène se produit sur le relief corse, alpin ou sur les bords de la Méditerranée, soit partout dans la région hors Cévennes, on parle d'épisode méditerranéen. Mais si les pluies se bloquent sur le relief des Cévennes et inondent les villages autour, on parle d'épisode cévenol.

Le cas énoncé plus haut est la formation la plus classique et la plus connue, mais il existe d'autres situations qui peuvent favoriser le développement d'un épisode méditerranéen, et celles-ci sont purement météorologiques. Les précipitations et leur évaporation, sous le nuage orageux, créent un courant d'air froid du nuage jusqu'au sol, ce qui génère une sorte de dôme froid au-dessus de la surface. Cette bulle agit comme un relief et soulève, à cet endroit précis, la masse d'air chaud venue de Méditerranée. Le système orageux peut alors se régénérer par lui-même et devenir particulièrement dévastateur. Ce mécanisme, qui s'est notamment développé pour l'épisode du Gard en 2002, est souvent favorisé par un vent marin plus lent ou un environnement plus sec, ce qui va accentuer l'évaporation des précipitations.

Le saviez-vous ?
Podium des départements

Les épisodes méditerranéens les plus intenses se produisent dans le Gard et l'Ardèche, puis dans l'Hérault et la Lozère. Dans ces régions, on observe « le plus souvent des épisodes apportant plus de 200 mm de pluie en 1 jour en moyenne par an », *selon Météo-France.*

Sur d'autres reliefs, comme les Alpes par exemple, nous pouvons observer le phénomène de contournement. Ces montagnes étant plus hautes que le Massif central, les vents ont davantage de difficulté à passer par-dessus. Un air plus sec aura davantage tendance à les contourner qu'un air humide. Et lorsque ce vent sec rencontre le vent chaud et humide de la Méditerranée, cela produit une convergence des vents, c'est-à-dire que tous vont tendre vers le même point, générant une rencontre aux allures de combat. Cet affrontement les oblige à se soulever, donnant ensuite vie aux orages. C'est un mécanisme que l'on rencontre souvent en mer, où des lignes de convergence – qui peuvent aussi être associées à un système dépressionnaire – s'établissent, ce qui explique pourquoi les orages se forment en milieu marin.

Ce phénomène se développe surtout en automne car c'est à ce moment que l'eau de la Méditerranée est encore douce après avoir absorbé la chaleur de l'été. C'est à cette période également que les systèmes dépressionnaires se manifestent davantage, apportant de l'air froid en altitude, condition indispensable à la formation de nos orages. Le soulèvement de l'air chaud et humide venu de la Méditerranée (par dôme froid, à cause du relief ou de la convergence des vents) bloque cet orage qui déverse des quantités importantes d'eau. Les trois mécanismes peuvent se mettre en place simultanément comme cela a été le cas lors de la catastrophe de Draguignan en 2010.

Certains épisodes ont frappé la mémoire collective à l'image de Vaison-la-Romaine, en 1992, où l'équivalent de 4 mois de précipitations se sont déversés en seulement 5 heures, provoquant une crue éclair de l'Ouvèze. Ou celui du Gard évoqué plus haut, en 2002 : l'équivalent de la moitié des pluies moyennes de l'année est tombé en seulement 24 heures. En 2015, Cannes et Mandelieu reçoivent en 2 heures plus de 170 mm d'eau. Des quantités certes moins impressionnantes que dans les deux cas précédents, mais cet épisode a démontré que l'intensité horaire était parfois plus dévastatrice que la quantité totale d'eau. La question de l'urbanisme et de la vulnérabilité des territoires s'est donc posée depuis ces événements.

Je vous propose de remonter le temps et de plonger dans ces récits du passé qui nous ont tant marqués et qui sont hélas, chaque année, un peu plus d'actualité.

LES TERRIBLES PHÉNOMÈNES DU XXIe SIÈCLE

L'épisode méditerranéen est un phénomène naturel qui se produit lors d'une période propice à sa formation, en automne. Pourtant, certains d'entre eux sont plus violents que d'autres. Voici trois récits d'événements, d'une nature exceptionnelle, qu'a connus le sud-est de la France en ce XXIe siècle.

Gard, 8-9 septembre 2002

La matinée du 8 septembre est marquée par un temps calme avec de belles éclaircies, mais rapidement le vent se lève et se renforce au fil des heures. Un flux de sud arrive tout droit de la Méditerranée. En fin de journée, il apporte avec lui des nuages de plus en plus inquiétants. Quelques gouttes tombent dans le département du Gard et de l'Hérault. Des cumulonimbus, ces nuages d'orage, vont alors se former et stagner sur certaines régions gardoises pendant des heures. Rapidement, la violence des précipitations piège de nombreuses voitures sur les routes où l'eau commence à tapisser le sol. Sur ses radars, Météo-France constate l'arrivée de nouvelles pluies qui s'annoncent catastrophiques. Ses équipes décident alors de placer le département du Gard en vigilance rouge.

> **LE SAVIEZ-VOUS ?**
> ***Crue ou inondation, quelle différence ?***
>
> *Une crue est une élévation du niveau des rivières ou des fleuves à cause d'un apport d'eau très important, que ce soit lors d'une période de pluies intenses ou lors de la fonte des neiges. C'est un phénomène très différent de l'inondation où le niveau de l'eau dépasse sa valeur normale jusqu'à déborder sur les terres environnantes. Une crue ne provoque pas toujours une inondation.*

De nouveaux orages arrivent, encore plus violents que les premiers. Alors que les rues gardoises sont déjà inondées, les pluies qui se rajoutent font déborder les rivières. La crue monte à une vitesse folle et des vagues surgissent en quelques secondes dans des villages qui vont disparaître sous les eaux. Cet événement est l'un des plus violents qu'ait connus la région. Les cumuls ont atteint les 687 mm, ce qui fut le cas à Anduze, soit l'équivalent de la moitié d'une année de pluie en seulement 24 heures. L'étendue du désastre est tout simplement exceptionnelle, plus de 5 000 km^2 ont été touchés. Selon Météo-France, 419 communes sont victimes de la fureur des pluies, 24 personnes ont perdu la vie. Alors que les intempéries de l'automne 1958 faisaient référence, ce jour de 2002 va pulvériser les records.

Alpes-Maritimes, 3-4 octobre 2015

L'après-midi du 3 octobre, une dépression se cale sur le sud-ouest de la France. Sa position va alors ramener des vents humides directement de la Méditerranée vers la côte d'Azur. Le phénomène méditerranéen se met alors en place, la dégradation se bloque sur le massif de l'Estérel. Elle va alors se régénérer encore et encore, alimentée par ce vent marin humide qui va rendre la situation explosive. De puissants orages continuent d'avancer lentement et arrivent sur l'axe Mandelieu-la-Napoule – Cannes – Nice dans la soirée. Leur lent déplacement fera progresser le compteur des cumuls de pluie : 115 mm à Mandelieu en seulement 1 heure, les conséquences s'annoncent terribles pour la région. Une trombe marine se forme au large de La Ciotat, illustrant un peu plus encore la violence du phénomène. La stagnation des pluies a gonflé les cours d'eau et développé des crues éclair qui ont inondé de grandes villes comme Cannes, Mandelieu ou Antibes. Le Reyran, un torrent traversant le Var, gonfle à un niveau jamais atteint depuis la naissance de la station en 1970.

> **Le saviez-vous ?**
> ***Crues fluviales ou crues éclair ?***
>
> *Les crues éclair aggravent d'une manière spectaculaire le débit et le niveau des cours d'eau dans lesquels elles se jettent. Elles atteignent des valeurs impressionnantes en l'espace de quelques minutes. Un phénomène que l'on rencontre surtout lors d'épisodes méditerranéens,*

> *contrairement à une crue plus classique, dite fluviale, où le niveau monte lentement. On retrouve plutôt celles-ci sur le reste de la France. Les crues parisiennes par exemple sont de ce type.*

Le bilan humain est terrible. Des personnes se noient dans leurs parkings, dans les tunnels, les rez-de-chaussée ou dans des campings. Les sols saturés expliquent en partie cette catastrophe mais la question de l'urbanisme est sur toutes les lèvres. Pourquoi construire des parkings souterrains et non sur les toits dans ces zones à risque ? Pourquoi développer des maisons de retraite avec un rez-de-chaussée en activité dans une zone inondable ? Les questions fusent, les réponses beaucoup moins. L'état de catastrophe naturelle sera déclaré quelques jours après. Ces violentes intempéries ont duré 3 heures, dévastant 32 communes et villes densément peuplées.

Aude, 15-16 octobre 2018

À cette période, rappelez-vous que l'ouragan Leslie s'était approché des côtes portugaises avec une puissance élevée. Cela n'était pas arrivé depuis 1842. Lorsqu'il passe au-dessus de la péninsule ibérique, c'est une tempête post-tropicale qui apporte beaucoup d'humidité et de chaleur. Cependant, seuls, ces vents marins sont sans danger. De l'autre côté vers le golfe de Gascogne, un air particulièrement froid est présent. Le contraste entre les deux génère des orages d'une violence inouïe sur le département de l'Aude. Les précipitations sont intenses. On relève l'équivalent de 5 mois de pluie en seulement 6 à 8 heures. Le sol ne peut en aucun cas absorber autant d'eau. Les petits cours d'eau débordent, les affluents de l'Aude sont saturés, ce qui va provoquer un pic très rapide et brutal d'apport d'eau pour le fleuve. Nous sommes face à une crue centennale. À Trèbes, le niveau de l'eau monte à 7,66 m au lieu de 0,39 m, on passe donc de l'équivalent de la hauteur de 1 étage à 8 en seulement une poignée d'heures. Les courants sont d'une puissance rare, le département est bien évidement placé en vigilance rouge par Météo-France. C'était sans précédent depuis 1891. Les routes s'effondrent sous le poids de cette eau, les hôpitaux sont également submergés.

La question des digues et des barrages est au cœur des débats : pourquoi ces constructions ne peuvent-elles pas protéger la population de crues exceptionnelles ? La problématique de l'urbanisme et de l'aménagement du territoire se pose, une fois encore.

Nous allons tenter de répondre à ces questions cruciales dans les pages suivantes avec Patrick Coulombel, fondateur des Architectes de l'urgence.

S'adapter, se protéger de ce risque naturel

Fin janvier 2018, le ministère de la Transition écologique et solidaire a publié des chiffres qui permettent de mieux comprendre la nécessité d'adapter notre territoire au risque naturel d'inondation. Sur l'ensemble de la métropole et sur les îles, ce sont 17,1 millions de personnes qui sont exposées au débordement des cours d'eau. Si l'on ajoute à ce phénomène les submersions marines et les ruissellements, ce sont les deux tiers des communes qui sont menacées. Pourquoi de tels chiffres ? Tout simplement parce que la France est dotée d'un nombre important de cours d'eau. Les inondations sont le premier risque naturel en France, une réelle vulnérabilité qu'il est nécessaire d'admettre et d'intégrer lors de travaux d'urbanisation.

C'est le sud-est de la France qui est le plus impacté. Les épisodes méditerranéens aggravent une situation déjà compliquée pour ces communes provençales. Au vu des enjeux, nous pouvons naturellement imaginer que les maires font en sorte d'adapter les villes et les villages aux risques de débordement des eaux, pourtant cela ne semble pas être le cas de quelques élus, à la tête de communes soumises à une écrasante pression foncière, au point qu'il leur arrive de délivrer des permis de construire dans des zones à risque. Patrick Coulombel nous raconte son expérience avec l'un d'entre eux : « *Un jour j'ai échangé avec le maire d'une petite commune. Il était fier et heureux de me montrer la parcelle qu'il avait décidé d'urbaniser et sur laquelle il allait construire des maisons. Je lui ai donc demandé l'intérêt de réaliser ce projet. Il m'a répondu que je ne comprenais pas grand-chose, qu'avant tout un bon maire, c'est un maire qui construit.* » Une remarque qui interpelle… « *Il n'y a pas un maire en France qui se vante de ne pas avoir construit un seul m*^{2}*, de ne pas avoir urbanisé de la terre* *agricole, qui est content de dire qu'il reste avec ce qu'il a comme emprise foncière pour valoriser une urbanisation normale. Ils ont tous envie de s'étendre. Il y a bien évidemment des raisons économiques mais aussi la volonté de faire travailler des entreprises locales. Cela reste malgré tout l'argent du contribuable. Il est important de trouver un juste milieu.* »

Ce témoignage confirme les échanges du documentaire *France, côtes d'alerte* de la série « Sale temps pour la planète ! » Les journalistes se sont rendus au Pradet dans le Var. Ce reportage, daté de 2013, a mis en exergue une vive polémique, provoquée par l'aménagement d'un nouveau quartier dans le secteur de la Grenouille. Le maire souhaite y construire un millier de logements et une école. Un immense chantier qui permettrait à la ville de poursuivre son développement, un beau projet sur le papier. Seulement, il y a un bémol et pas des moindres : ce terrain abrite deux marécages et une zone où le sol est poreux. Des associations ont posé des recours pour stopper ce projet immobilier, représentées par Christine Watel, présidente du CIL[1] de propriétaires et de Josette Fays, présidente de l'association Var Inondations Écologisme. Le reportage les filme lorsqu'elles se rendent sur ce terrain. Là, surprise : le sol est gorgé d'eau et par endroits inondé, justifiant leurs inquiétudes : « *On ne comprend pas pourquoi on s'acharne à vouloir urbaniser ce secteur. Aujourd'hui dans le Var, c'est difficile de construire, on ne trouve plus de terrains. Mais quand on ne peut plus construire, il faut savoir dire non* », dit Christine Watel dans le documentaire. Pour ne pas se contenter d'une seule version de l'histoire, le reporter interviewe le maire du Pradet en 2013, Bernard Pezery. Son discours est clair, il n'arrêtera ni le projet ni le développement de sa commune : « *Tous les terrains concernés par la construction sont en zone blanche, donc pas en zone inondable.* » Pour préciser, les zones inondables sont classées en trois catégories selon le risque de crues : en zone rouge, le risque est très élevé et l'obtention d'un permis est impossible. En zone bleue, le risque est considéré comme moyen, un permis de construire est possible sous certaines conditions. Enfin en zone blanche, le risque de crue est quasi-inexistant. Un permis de construire peut être délivré dans ce cas si le projet s'inscrit dans les règles de l'art d'un Plan Local d'Urbanisme (PLU). Cependant, des constructions pourraient aggraver ce risque si jamais une crue survenait et dépassait en intensité celle qui

1. Comité d'Intérêt Local.

faisait référence. D'ailleurs, comme le précise le documentaire, ce PLU semble poser problème et le Conseil Général rédige même un courrier pour exprimer son inquiétude. Un extrait est cité : « *Vous ne pouvez ignorer les risques encourus en cas de fortes précipitations.* » Quand la journaliste lui demande s'il n'est pas plus simple de retirer le projet, voici ce que le maire répond : « *Non ce n'est pas plus simple. Nous avons quand même un territoire qui nécessite d'avoir une augmentation de la population, puis ce n'est pas le Conseil Général qui souhaite qu'on retire le projet, c'est la préfecture qui nous demande de prendre en compte certaines caractéristiques.* » Cette zone a pourtant été inondée en 1978, ce que l'élu semble avoir totalement oublié.

Depuis que ce documentaire a été réalisé, la préfecture a toutefois fait la démarche de stopper le projet. C'est courant 2015 seulement que la décision de l'annuler partiellement a été décidée par un juge de la cour administrative d'appel de Marseille, grâce au recours des associations et du soutien de la préfecture. L'actuel maire du Pradet, Hervé Stassinos, n'a pas fait appel de cette décision. Il avait indiqué lors des élections qu'il protégerait cette zone, une promesse qu'il a donc tenue. Une victoire pour les habitants. Josette Fays, présidente de l'association Var Inondations Écologisme, explique dans ce reportage pourquoi elle lutte depuis 20 ans contre ces projets de constructions : « *On se bat contre ces gens qui veulent construire en zone inondable. Il faut qu'on arrête de construire. Si la population se mobilise, les élus ne pourront plus faire autrement que d'arrêter de délivrer ces permis en zone critique. Les préfets doivent dire stop, on ne construit plus dans des lieux à risque aussi bien d'inondation ou d'incendie que d'effondrement de terrain. Il faut arrêter, la nature est plus forte que nous et c'est elle qui a toujours le dernier mot.* »

Il faut énormément d'énergie à cette femme pour poursuivre son action car les dossiers qu'elle défend se comptent par dizaines. Lorsque je l'ai contactée, elle m'a raconté le cas de la voie de contournement de Pierrefeu-du-Var, un projet qui voit le jour en 2014. Il s'agit d'une déviation située à 30 m du Réal Martin, une rivière qui a subi des crues rapides en 2008, 2010, 2011 et 2012, faisant grimper le niveau des eaux jusqu'à 3 m de hauteur. Une personne est d'ailleurs décédée lors d'une inondation, justement en 2014, ce qui ne semble pas arrêter le maire de la ville dans l'aboutissement de son projet. L'association a donc posé un recours pour empêcher sa construction. Malgré une victoire en première instance, puis en appel, le ministère de l'Intérieur a lancé un pourvoi en cassation, toujours en cours à l'heure où j'écris ces lignes. Des cas comme celui de Pierrefeu-du-Var, Josette Fays en traite beaucoup, car il s'agit d'un réel fléau dans le département du Var, dont les maires ne semblent pas prendre la mesure des conséquences possibles sur le long terme. Un sentiment que partage Patrick Coulombel : « *Vous êtes boucher-charcutier, médecin ou journaliste, et vous vous présentez à l'élection municipale alors que vous n'étiez pas élu auparavant et que vous ne connaissiez pas la gestion d'une commune. Quand vous êtes élu, de fait, instantanément, vous êtes urbaniste alors que ce n'était pas votre métier. Surtout, vous ne pouvez pas l'apprendre en claquant des doigts… Ce sont les élus qui délivrent les permis de construire, ils se battent souvent avec les préfets pour cela, mais au final, c'est le maire qui décide. C'est pour moi l'une des raisons qui explique les problèmes rencontrés dans le sud-est de la France.* »

Sur ces questions complexes, il est surtout nécessaire d'apprendre des événements du passé pour construire un avenir qui nous protège face à ces pluies intenses. La commune de Vaison-la-Romaine est véritablement pionnière dans cette évolution. Dans son rapport officiel, suite à la crue historique de 1992 qui a tué des dizaines de personnes et ravagé une grande partie du village, des actions ont été mises en place rapidement. Il est noté que « *dès le début du mois d'octobre, la mairie de Vaison-la-Romaine a manifesté sa volonté de prévenir tout risque ultérieur en déclarant inconstructibles les secteurs les plus exposés, le long de l'Ouvèze* ». Cette première action forte et nécessaire, face à l'ampleur du phénomène, a entraîné d'autres mesures, comme celle de l'opération de Résorption de l'Habitat Insalubre (RHI), mise en place dans les quartiers les plus touchés, qui décrète que tout un périmètre est déclaré irrémédiablement insalubre et permet d'interdire de réparer, reconstruire ou même habiter dans ce secteur. Le rapport indique que cela représentait au total 70 maisons que la mairie a rachetées aux propriétaires pour les dédommager. Pour les autres quartiers, des aides ont été débloquées pour réparer les logements. Cette catastrophe aura surtout permis de faire comprendre aux habitants et aux responsables de la commune que la nature reprend presque toujours ses droits là où, pendant des années, on a tenté de la modifier, de la dompter. Le rapport précise cette évolution naturelle du paysage : « *La rivière, longtemps oubliée, a repris sa place dans la cité, en séparant nettement les deux rives. L'Ouvèze est aujourd'hui dans une phase minérale, en partie enrochée dans sa traversée de la ville à la suite du Plan de paysage de 1994. Le quartier de Théos, sur la rive droite de l'Ouvèze, entièrement ravagé par la crue, a fait l'objet d'un vaste programme de réhabilitation destiné à redonner vie à ce lieu.* » C'est un parcours de santé qui a été déplacé à cet endroit, entouré d'une bambouseraie.

C'est d'ailleurs dans ce jardin que les journalistes du documentaire *France, côtes d'alerte* de la série « Sale temps pour la planète ! » retrouvent Pierre Meffre, maire de la ville entre 2003 et 2014. C'est un enfant du village, qui a vécu la crue exceptionnelle de 1992. Pour lui, il est absolument important de retenir les erreurs du passé, « *reconstruire est inenvisageable, ce serait à la limite du criminel. On remettrait des gens dans une situation où ils risqueraient de perdre la vie. Dans 100 ans, il faut qu'on se souvienne de ce qui s'est passé à Vaison-la-Romaine. Si on perd les lieux de mémoire, on prend le risque de remettre de l'habitat quelque part d'ici quelques années. Il y a encore de nombreuses personnes qui vivent ici, qui ont connu la catastrophe. Certains ont même perdu un proche, donc par respect pour eux il faut que ce parc reste un lieu de mémoire.* » Au-delà de cet endroit hautement symbolique, le lit de la rivière a été élargi, un plan communal de sauvegarde a été établi ainsi qu'un plan d'urgence, en cas de crue, adapté à chaque quartier. « *La catastrophe a été un électrochoc, c'est après ce drame que des plans de prévention des risques d'inondation ont été développés en France. Cependant, il y a beaucoup de communes situées en zone inondable et elles sont appelées à le rester. Il est donc préférable d'apprendre à vivre avec, plutôt que de se dire que nous pourrons surmonter tous les risques. Nous sommes dans l'incapacité de mettre tout le monde à l'abri, il n'y a pas d'aménagement possible pour retenir complètement l'eau* », conclut-il.

Comment ces communes peuvent-elles alors tenter de s'adapter à ce risque naturel qui menace aujourd'hui des millions de personnes ? Patrick Coulombel nous explique certaines techniques qui existent et pourraient être utilisées : « *Techniquement déjà, on sait faire. Il suffit de mettre en place des constructions en dur avec un niveau inondable qui serait au rez-de-chaussée et, sur le toit, créer un système de terrasse pour que les habitants puissent se mettre en sécurité. Dans les parties basses, il faut arrêter d'installer des prises de courant dans les sous-sols et au rez-de-chaussée, cesser de choisir des sols qui ne peuvent pas supporter l'eau.*

Il faudrait aussi envisager des bâtiments au-dessus des niveaux de référence en construisant des maisons sur pilotis ou adaptées aux sites sur lesquels on veut habiter. » Les maires ont donc cette terrible responsabilité : celle de repenser leur urbanisme. Il est vrai qu'un épisode revient rarement dans le même village, ou qu'il peut toucher un secteur une seule fois tous les 20, 30 ou 100 ans, mais lorsque cela arrive, ce sera toujours la fois de trop.

La question de l'aggravation des épisodes méditerranéens inquiète bon nombre de Français. Sont-ils plus intenses avec le réchauffement climatique ? Je vous propose de découvrir ensemble les réponses à cette question avec de nombreux scientifiques qui ont travaillé sur ce sujet.

Les épisodes méditerranéens face au réchauffement climatique

L'évolution de ce phénomène très particulier dans le sud-est de la France est au cœur d'un grand projet de recherche international auquel Météo-France participe. Ce programme se nomme HyMeX. Son but : mieux comprendre le cycle de l'eau en Méditerranée et les événements météorologiques associés afin de mieux les prévoir, mais également d'appréhender leur évolution face au changement climatique. Un volet de ce programme est consacré à la vulnérabilité des territoires et à la capacité d'adaptation des populations exposées à ces risques. Un immense chantier que Véronique Ducrocq, chef du groupe de recherche en météorologie de moyenne échelle, pilote à Météo-France/CNRS[2]. « *Les pluies intenses et les crues rapides sont une des cinq thématiques du programme, une des plus importantes d'ailleurs, 50 % des chercheurs travaillent sur ce sujet. C'est un projet sur 10 ans qui a commencé en 2010, coordonné par Météo-France et le CNRS. Il est interdisciplinaire, on étudie les questions atmosphériques, océanographiques, hydrologiques mais on aborde également les questions de sciences humaines et sociales. Ce sont 400 scientifiques dans une vingtaine de pays qui sont ou ont été impliqués dans le programme. On étudie l'ensemble de la Méditerranée, pas seulement le sud-est de la France* », précise-t-elle.

2. Centre national de la recherche scientifique.

Un programme qui a permis de réaliser des campagnes de mesures sur le terrain. Sur les crues rapides et les pluies intenses, l'équipe a mené une grande expérience de septembre à novembre 2012 en déployant trois avions de recherche qui ont effectué des mesures, complétées par des données provenant de ballons-sondes, de sites instrumentés, de bateaux ou encore de bouées en mer. « *L'idée était de documenter à la fois l'atmosphère, l'environnement dans lequel les épisodes méditerranéens se forment, les systèmes orageux eux-mêmes ainsi que l'impact des précipitations en termes hydrologiques* », annonce-t-elle. Une étude a été également menée pour connaître la température de la mer Méditerranée avant et pendant l'événement, afin de disposer d'une documentation complète des éléments qui permettent son développement. « *Nous avons également réalisé une autre campagne pendant 4 ans, en prenant chaque automne des mesures hydrologiques régulières sur les bassins du Gard et de l'Ardèche. Les crues restant assez rares, nous n'avions en effet pas assez d'épisodes en 2 mois. Par contre, sur 4 ans, nous avons documenté suffisamment d'événements de crues sur chacun de ces bassins.* » L'équipe, qui réalise également des enquêtes hydrologiques et sociologiques à la suite des événements, s'est dernièrement rendue sur le terrain après le phénomène survenu dans l'Aude en octobre 2018, pour mesurer le niveau des montées des eaux. « *Nous utilisons ces données que l'on complète par la simulation hydrologique, pour avoir une estimation des débits. Nous pouvons ensuite les utiliser pour valider les modèles hydrologiques utilisés pour la prévision des crues. Pour l'aspect sociologique, nous avons réalisé des enquêtes sur le terrain dans le cas de Draguignan en 2010 par exemple, pour savoir comment la population avait réagi. C'est une analyse du comportement en fonction des informations.* »

Une fois récoltées, toutes ces informations sont exploitées par les prévisionnistes pour élaborer leurs cartes météo à court et moyen terme. « *On s'aide des observations et des modèles en synergie. Les modèles sont utilisés pour aider à interpréter les observations et celles-ci nous permettent de les améliorer. C'est un cercle vertueux. Cela nous donne la possibilité d'améliorer la compréhension des phénomènes, d'étudier la variabilité climatique saisonnière et interannuelle, mais également de valider des modèles et d'intégrer les observations à l'intérieur. On ne peut pas toutes les prendre en compte, mais on le fait le plus possible pour améliorer les modélisations* », car il faut avant tout que les modèles digèrent ces informations, qu'ils soient capables de produire un résultat conforme aux observations, optimisant ainsi les prévisions. *« Par exemple, on n'intègre pas encore les données relatives aux éclairs dans les modèles. Si l'on comprenait mieux la répartition des cristaux de glace présents à l'intérieur du nuage, chargés positivement et négativement, on pourrait avoir de nouvelles informations importantes. On commence à travailler sur cette idée, appuyée par le prochain satellite géostationnaire d'EUTMETSAT*[3] *qui décollera, équipé d'un capteur de foudre. »* Nul doute que les avancées s'annoncent majeures d'ici quelques années.

Les recherches sont nombreuses pour savoir si le réchauffement climatique a une influence sur les épisodes méditerranéens. Les scientifiques étudient le sujet avec beaucoup d'attention en analysant le carburant de ce phénomène : l'humidité présente dans l'atmosphère. Une température de la mer élevée favorise l'évaporation de l'eau, mais ce n'est pas le seul paramètre à prendre en compte. Un vent plus soutenu renforcera également l'évaporation. Il y a surtout une idée reçue qu'il faut absolument s'ôter de l'esprit : on a en effet tendance à conclure qu'une eau de mer surchauffée va développer un réservoir de vapeur pour l'air qui va la survoler. C'est vrai si celui-ci est totalement sec. Cependant il arrive, et plus souvent qu'on ne le pense, que cet air soit déjà chargé, voire saturé d'humidité. Dans ce cas précis, même si la température de la mer est plus élevée que la normale de 2 ou 4 °C, cela ne changera strictement rien pour l'air car il ne pourra plus emporter ce trop-plein d'humidité avec lui.

En 2019, la recherche a fait un bond en avant spectaculaire sur l'étude des épisodes méditerranéens avec, notamment, des éléments mesurés et statistiquement prouvés sur les événements du passé. L'étude porte sur la période de 1960 à 2015. Samuel Somot, chercheur à Météo-France/CNRM[4], nous expose les résultats de cette étude à laquelle il a contribué : *« En ce qui concerne l'évolution du phénomène depuis ces 50 dernières années, en 2018 on a détecté un signal à la hausse, plutôt important en termes d'intensité des pluies les plus fortes. On a pris en compte le cumul quotidien maximum sur l'année et on a regardé l'évolution de l'intensité de cette pluie en particulier. À fréquence donnée,*

3. EUMETSAT, European organisation for the exploitation of Meteorological Satellites (Organisation européenne pour l'exploitation des satellites météorologiques).

4. Centre national de recherches météorologiques.

on voit une augmentation de l'ordre de 20 %, ce qui est loin d'être négligeable. D'ailleurs, ce signal est détectable depuis la fin des années 90. Si on avait pu traiter à l'époque ces données avec des méthodes mathématiques plus modernes, en agrégeant mieux l'information comme c'est le cas aujourd'hui, on aurait pu le voir plus tôt. » Un signal fort qui prouve déjà le changement qui a eu lieu ces dernières décennies. Cependant, il n'y a pas eu que l'augmentation de l'intensité à avoir été prouvée, mais aussi la fréquence et l'élargissement des zones concernées : « *L'étude montre que ce phénomène évolue vers plus de fréquence et d'intensité. Même s'il y a toujours une variabilité annuelle importante, aujourd'hui plusieurs études vont dans ce sens* », confirme-t-il.

En 2018, des études sur les prévisions futures ont également produit des signaux pour la toute première fois. Jusqu'à présent, les chercheurs ne pouvaient pas prévoir les évolutions des épisodes méditerranéens, mais aujourd'hui des pistes se dégagent, comme le précise Véronique Ducrocq, chef du groupe de météorologie de moyenne échelle à Météo-France/CNRS : « *Il y a quelques années, on ne savait rien, aujourd'hui on commence à pouvoir dire des choses même s'il y a encore beaucoup d'incertitude. On ne montre pas forcément qu'il y a une augmentation de la fréquence de ces épisodes méditerranéens mais on montre qu'il y a plus d'événements intenses. Cependant, il y a toujours une variabilité interannuelle forte mais également spatiale. Nous sommes clairement sur un phénomène météo impacté par le réchauffement climatique* », une évolution qui pourrait s'expliquer par le fait que l'air devient également plus humide avec l'augmentation de la température globale. « *On a de l'air plus chaud avec le réchauffement de l'atmosphère, qui contient donc plus de vapeur d'eau. Résultat, nous avons plus d'eau, ce qui peut donner des précipitations pour un orage donné. C'est ce facteur qui explique les orages les plus intenses, plus que la fréquence d'une situation propice à leur développement. En tout cas c'est ce qui ressort de l'étude, dans l'état actuel des connaissances* », nous informe-t-elle.

Samuel Somot a travaillé sur l'évolution future des épisodes méditerranéens en collaboration avec Yves Tramblay de l'IRD[5] à Montpellier. Il nous explique la méthode et les résultats qu'ils ont obtenus : « *Nous avons lancé une étude avec un scénario fin de siècle donc d'ici 2100, couplé avec un signal de réchauffement important.*

5. Institut de recherche pour le développement.

Malgré ce scénario pessimiste, l'augmentation des précipitations très intenses, par exemple celles qui arrivent une fois tous les 20 ans, n'est pas extrêmement importante. Elle est généralement de quelques pour cent, 10 à 15 % maximum dans certaines zones du bassin méditerranéen. Malgré tout, c'est un signal d'augmentation. Mais vu que nous sommes déjà en limite de gestion et d'adaptation des territoires méditerranéens à ces événements-là, ça peut devenir grave. » Au vu de ces résultats, même si les épisodes méditerranéens évoluent, les changements seront progressifs. L'homme pourrait encore s'y adapter. Le problème c'est que les territoires peinent déjà aujourd'hui à faire face aux risques actuels.

« *L'augmentation de l'intensité des précipitations en Méditerranée est un élément préoccupant pour le risque de crue, même si on ne dispose pas encore de simulations hydroclimatiques précises sur l'évolution des crues méditerranéennes, sachant que l'augmentation des pluies intenses se combine à celle de la vulnérabilité des territoires sous forte pression démographique* », explique Jean-Michel Soubeyroux, directeur adjoint de la climatologie à Météo-France. « *En attendant les résultats des modèles climatiques, les chroniques du passé peuvent aussi aider les décideurs à mieux appréhender le risque, en évitant déjà d'urbaniser des zones précédemment touchées… Avec des climatologues et des hydrologues, nous avons travaillé sur la reconstitution des événements extrêmes du passé sur plusieurs décennies et siècles sur lesquels nous n'avons pas d'enregistrements très importants. La difficulté est aussi de pouvoir reporter les données des crues passées dans le contexte de l'aménagement actuel. Pendant très longtemps, les hommes ont modifié les cours d'eau, construit des digues, des barrages, et c'est un défi de restituer les débits naturels pour les comparer avec ce qui se passe aujourd'hui, afin d'imaginer les conséquences et comprendre tous ces phénomènes qui provoquent la crue.* »

Le facteur déterminant pour les crues est également l'intensité des pluies sur quelques dizaines de minutes qui peut faire réagir très violemment les cours d'eau. C'est d'ailleurs un travail que Météo-France réalise en ce moment. Jusqu'à présent, l'étude de l'évolution future du climat se faisait sur un maillage de 12 km. Aujourd'hui, le modèle AROME, utilisé en prévision météo, est aussi utilisé pour les projections climatiques et permet d'atteindre un maillage de 2 km. Ces simulations nécessitant beaucoup de temps de déchiffrage mathématique par les supercalculateurs, elles ne peuvent être réalisées que sur un domaine restreint et ne couvrent qu'une partie du territoire métropolitain. Depuis 2018, la disponibilité de ce modèle de climat nouvelle génération a permis de lancer un nouveau programme de recherche visant à mieux cerner les évolutions futures des épisodes méditerranéens. *« Le modèle AROME sait représenter les 3 mécanismes de soulèvement nécessaires pour créer des orages stationnaires (par dôme froid, orographie et convergence). Cela va nous permettre d'observer les intensités horaires, alors que ce que l'on regarde jusqu'à présent ce sont les intensités journalières. Vous en conviendrez, 200 mm en 24 heures, ce n'est pas la même chose qu'en 2 heures, les conséquences sont très différentes. C'est vraiment la question que nous nous posons actuellement : avons-nous une augmentation de l'intensité horaire ? Quand on regarde des cas comme Mandelieu avec des 115 mm en 1 heure, 150 mm en 2 heures, c'est beaucoup. Les hydrologues s'interrogent. Nous aurons les premiers résultats de cette simulation d'ici 2 à 3 ans. »* Le rendez-vous est donc pris en 2020-2021 pour connaître les premières conclusions.

Les résultats sont donc là pour les épisodes méditerranéens. Malgré les incertitudes, on peut affirmer maintenant que le phénomène est déjà impacté par le réchauffement climatique et que l'on peut s'attendre à une poursuite de la hausse des précipitations intenses pour le futur. Reste à savoir si ces pluies torrentielles s'abattront sur des périodes encore plus courtes qu'aujourd'hui, ce qui est essentiellement l'objet de l'étude en cours. Une évidence, cependant, se fait jour après tous ces échanges : le risque, pour la population, c'est aussi la façon dont on a aménagé – et dont on aménage encore… – les territoires exposés. La pression démographique étant de plus en plus forte, comment accueillir des populations toujours plus nombreuses sur des territoires soumis à de tels risques ?

LE CYCLONE,
L'ŒIL QUE L'ON CRAINT

La particularité de ce phénomène est qu'il se développe dans différentes zones du monde. Il nous touche car il déploie sa force sur les îles françaises et attaque nos familles, nos amis. Que ce soit dans l'océan Atlantique, Indien ou Pacifique, nous craignons l'arrivée de cet œil aussi majestueux que destructeur.

Comment se développe le cyclone ? Les chercheurs ont-ils eu des résultats concluants sur son évolution ? L'espace pourrait-il devenir notre unique moyen de prévention ?

Partons à la rencontre de différentes personnalités, scientifique, architecte, astronaute, prévisionniste, journaliste et pilote de l'armée de l'air américaine. Partageant leurs expériences et leurs recherches, ils vont nous livrer une analyse passionnante sur l'évolution de cette manifestation.

1492 : LES VOYAGES DE CHRISTOPHE COLOMB

Un des phénomènes les plus puissants et les plus marquants de la saison automnale est, sans commune mesure, le cyclone. Il faut remonter à la fin du XVe siècle pour découvrir son existence et le retrouver dans des écrits. C'est le grand Christophe Colomb, considéré comme l'initiateur des Temps modernes, qui en a fait la découverte lorsqu'il a pris la direction du Nouveau Monde en 1492. Nous connaissons, tous, les histoires qui décrivent ses quatre voyages, ce que nous savons moins c'est à quel point ses découvertes sont allées au-delà des nouvelles terres, car il a également apporté des connaissances précises sur la météorologie.

Lors de son premier voyage, d'août à octobre 1492, Christophe Colomb a su trouver un itinéraire optimal pour gagner les régions de l'ouest. Il découvre à de basses latitudes des vents qui semblent souffler sans discontinuité du début jusqu'à la fin de son périple. Il semble très heureux de cette aide précieuse mais craint le retour, pensant qu'il devra leur faire face. Ce qu'il vient en réalité de découvrir, ce ne sont pas des vents insignifiants, mais les célèbres alizés. Leur champ d'action se situe au niveau de l'Équateur, et ils soufflent de façon régulière d'est en ouest. Christophe Colomb a trouvé sans la chercher la clé pour des voyages rapides en direction des Caraïbes. Lors de son départ des Canaries, sous un magnifique ciel bleu, ces vents vont l'aider à réaliser paisiblement cette traversée, dans le voyage le plus extraordinaire qui soit. Un événement qu'il relate dans ses écrits : « *Le beau temps, la mer calme et unie comme une glace, le vent propice, par une température douce, le voyage continuait, et les marins, excités par cette navigation facile, travaillaient avec zèle* [...] *Ces jours-là, les vents passèrent au sud-ouest, un peu plus ou un peu moins vers l'ouest, et, quoique contraires au voyage de l'amiral, les équipes les considéraient comme favorables, parce qu'ils pensaient, qu'ayant toujours à l'aller les vents en poupe, ces vents persistants seraient opposés à leur retour ; ils craignaient que ces vents de sud-ouest, propices à leur retour ne durassent pas assez pour leur faire parcourir la longue route qu'ils auraient faite.* »

Lors de ce premier voyage, Christophe Colomb, avec son équipage, découvre les Bahamas, puis Cuba et Haïti. Il décide de repartir en janvier 1493. Ayant découvert l'existence des alizés au début de son périple, il fait le choix de remonter plus au nord lors de son voyage retour pour les contourner. Il rencontre alors d'autres types de vents, les grands vents d'ouest, et entre dans une zone au sud des Açores qui va le confronter à un monstre météorologique jusqu'alors inconnu de lui : l'ouragan. C'est la première fois que, dans des écrits, on le mentionne sous ce nom. Il le décrit comme une tempête qui ne cesse de croître durant près de quinze jours. Christophe Colomb fait de son mieux pour maintenir son navire sur les flots. Il écrit d'ailleurs une lettre à ce moment précis. Il pense que Dieu veut l'empêcher de connaître la gloire, croyant son heure arrivée. Il aperçoit enfin, au loin, un coin de ciel qui lui fait espérer une accalmie proche… ce qui sera le cas.

Ce phénomène va se manifester lors de ses autres voyages. C'est au cours de son deuxième périple que se précise l'origine de son nom : « *Mais, avant son départ, un terrible cyclone, comme il en surgit quelques fois dans les régions tropicales, vint s'abattre sur l'île et les environs. Ces effrayants ouragans, que les Indiens nomment furicanes ou uricanes, ne sont pas rares dans ces parages et causent des ravages inoubliables ; détruisant tout sur leur passage, arbres, maisons, récoltes, et frappant les populations d'un indicible effroi.* » Dans son récit, il cite donc le nom que les Indiens lui donnent, "uricanes" (ce qui donnera "hurricane" dans l'anglais actuel, traduit en français par "ouragan"). Nous remarquons d'ailleurs que Christophe Colomb commence à bien maîtriser les phénomènes météorologiques du Nouveau Monde, à en comprendre les conséquences. Nous pouvons même parler ici de prémices du métier de prévisionniste météo car il apprend au fur et à mesure de ses voyages à repérer les signes avant-coureurs de la formation d'un ouragan. Ce sont ses connaissances qui vont lui sauver la vie lors de son dernier voyage en 1502.

Alors qu'il s'approche de Saint-Domingue, une forte houle se lève et il aperçoit dans le ciel un type de nuage qu'il avait repéré avant chaque début d'ouragan. Ces nuages, que nous appelons aujourd'hui cirrostratus, se situent au-dessus de 4 500 m d'altitude et forment un voile translucide qui recouvre le ciel. Par effet d'optique, ils sont même parfois accompagnés d'un halo. Très facile à repérer, le cirrostratus annonce l'arrivée d'une dépression, d'une tempête. Conscient de la menace, Christophe Colomb cherche à trouver refuge sur cette île, avertit le gouverneur qu'un vent fort se lève et lui conseille même de ne pas prendre la mer à cause du danger qui arrive. Mais sa requête n'est pas entendue, et ses prétendues prévisions météorologiques font même l'objet de moqueries de la part du gouverneur et de ses subalternes. Comme prévu, le gouverneur lève l'ancre le lendemain. Dès que sa flotte entre dans le chenal, l'ouragan s'abat sur eux avec une force inouïe. Vingt-cinq navires périssent ce jour-là, emportant près de 500 hommes. Quant à Christophe Colomb, malgré l'interdiction d'accoster, il trouve refuge avec sa flotte dans la partie sud de l'île qui était protégée des vents de nord qui soufflaient. Ce détail montre qu'il a réussi à anticiper leur direction. Malgré tout, l'ouragan est d'une telle violence que son navire est emporté en mer mais subit seulement des dégâts mineurs. Rentré en Espagne sain et sauf, tout laisse à penser qu'il sera accueilli en héros érudit, ce sera tout le contraire. Il sera accusé de sorcellerie, ses rivaux lui reprochant d'avoir invoqué par magie la tempête pour se venger de leurs moqueries.

Ce sont donc ses connaissances en météo qui sauvèrent Christophe Colomb et sa flotte. Les ouragans ont laissé de terribles traces à travers l'Histoire, nombreux sont les récits qui les évoquent à travers les siècles. Notre histoire moderne n'est pas épargnée par ce phénomène météorologique hors norme qui semble incontrôlable et puissant.

Qu'est-ce qu'un cyclone ?

Tout d'abord, il convient de rappeler une chose fondamentale : le cyclone est un événement météorologique naturel qui, selon certains scientifiques, agirait comme un puissant régulateur pour notre machine atmosphérique. Son rôle est d'évacuer une partie de l'excédent d'énergie accumulé à la surface des mers dans les zones intertropicales, non loin de l'équateur, en la transférant en altitude par le biais de la condensation, créant alors une masse nuageuse. Ce qui en fait un régulateur, c'est qu'une fois formé vers l'équateur il s'en détache pour partir vers des latitudes plus élevées, pour ensuite libérer ce trop-plein d'énergie vers la haute atmosphère. Pour autant, cette fonction n'est pas encore prouvée car il s'agit d'un phénomène rare. Le transport d'énergie vers le nord qu'il engendre reste modeste comparé à celui qui agit en permanence dans l'atmosphère. Seules quelques dépressions tropicales se transforment en cyclone, plusieurs conditions indispensables devant être réunies pour qu'une telle manifestation prenne vie et gagne en puissance.

La première est la proximité d'une zone de grande instabilité, où le profil de température décroît avec la latitude plus vite que la normale. Nombreux sont donc les cyclones qui naissent près de la zone intertropicale de convergence, également appelée zone de mauvais temps, un lieu propice au développement de multiples dépressions. Les responsables de cette conjoncture ne sont autres que les alizés. En effet, les célèbres vents découverts par Christophe Colomb évoluant dans deux sens différents entre l'hémisphère nord et l'hémisphère sud vont donc se retrouver et converger vers une zone bien précise proche de l'équateur. Dans cette atmosphère détonante se forme le roi des nuages, le cumulonimbus, qui, par la suite, va donner naissance à nos dépressions tropicales, perturbations ou cyclones. Il existe exactement sept bassins où ces conditions sont réunies, répartis entre les océans Atlantique, Pacifique et Indien. En moyenne, il se produit 45 événements par an à travers le globe dont 70 % dans l'hémisphère nord. La région la plus active est sans conteste l'océan Pacifique nord-ouest où se développent les typhons qui concentrent à eux seuls 35 % des phénomènes tropicaux à travers le monde. Ils se forment à certains moments de l'année selon le bassin concerné. En France, ce sont nos îles qui sont directement impactées. Aux Antilles, la saison cyclonique s'étend de juin à octobre. Pour Mayotte, la Nouvelle-Calédonie, la Polynésie française, la Réunion, et Wallis-et-Futuna, la période démarre en novembre et se prolonge jusqu'au mois d'avril.

Le saviez-vous ?
Les différents noms du cyclone

Un cyclone tropical est le terme générique pour parler de ce phénomène météorologique mais il varie selon la zone où il naît. On l'appelle :

- ***Cyclone*** *dans le Pacifique sud et l'océan Indien*
- ***Ouragan*** *dans l'Atlantique nord et le Pacifique nord-est*
- ***Typhon*** *dans le Pacifique nord-ouest*

Il existe aussi des appellations régionales :

- ***Kamikaze*** *au Japon*
- ***Badai*** *en Indonésie*
- ***Willy-Willy*** *en Australie*
- ***Baguio*** *aux Philippines*

Nos cumulonimbus formés sont le moteur de nos dépressions, mais ils ont besoin de carburant pour devenir un cyclone. Le deuxième facteur favorable, c'est la température des océans. Il est nécessaire que nos nuages se forment au-dessus d'un océan surchauffé par rapport à l'atmosphère qui les surplombe. On admet généralement qu'une température des eaux supérieure ou égale à 26,5 °C, sur une cinquantaine de mètres de profondeur, permet une puissante évaporation qui va se transmettre à l'atmosphère. Si les eaux sont froides, les cyclones ne pourront pas se former à moins que l'atmosphère ne le soit encore plus. Cet apport en humidité provenant de l'océan explique que les nuages faiblissent au moment où ils touchent les terres car ils ne sont plus alimentés continuellement par cette humidité qui elle-même se transforme en chaleur au travers des changements de phase de l'eau. En effet, lors de la condensation de l'eau à l'état de vapeur, il y a dégagement de chaleur, ce qui déstabilise un peu plus l'atmosphère située au-dessus. Entre les nuages et l'océan va se mettre en place un puissant système que l'on peut représenter comme un couloir de cheminée. Une colonne d'air chaud et humide partant de l'océan, qui va monter en altitude. La vapeur d'eau présente à l'intérieur va naturellement se refroidir en s'élevant et donc se condenser pour former des nuages. À leur tour ces nuages vont libérer leur énergie et devenir de plus en plus denses. La température augmentant, ils seront davantage gourmands, demander toujours plus d'air chaud et humide pour grandir, jusqu'à former des cumulonimbus très puissants qui vont provoquer de terribles orages et des pluies diluviennes.

Cependant, ces deux conditions ne sont pas suffisantes pour transformer cette puissante dépression tropicale en cyclone.

Le troisième ingrédient, c'est l'absence de cisaillement de vents en altitude. Si notre dépression se déplace d'ouest en est, il faut que les vents aillent dans le même sens sur l'ensemble de sa surface, de l'océan jusqu'au sommet des nuages. S'ils vont dans le sens inverse, ils vont créer une opposition, une contre-force que l'on appelle cisaillement de vents et, par conséquent, empêcher la structure verticale de se développer.

La force de Coriolis est enfin un ingrédient majeur dans la formation des cyclones. Cette force naturelle, qui provient de la rotation de la Terre, tend à dévier les vents vers la droite dans l'hémisphère nord, et vers la gauche dans l'hémisphère sud. L'équilibre entre cette force et les forces de pression dirigées vers le ventre du cyclone va déclencher le mouvement tourbillonnaire, si elle est suffisamment puissante pour donner vie à un cyclone. Il faut être au-delà de 5° de latitude pour obtenir un pourcentage élevé de son potentiel qui permette la mise en action du mouvement, ce qui explique que les cyclones émergent dans certaines zones géographiques et non dans d'autres.

Une fois toutes ces conditions très particulières réunies, ce phénomène tropical se forme. Ce gigantesque tourbillon peut s'étendre sur 500 à 1 000 km, avec en son centre ce que l'on appelle l'œil, et qui peut atteindre 30 à 150 km de diamètre. Comme vous le savez peut-être, à l'intérieur de l'œil le calme est au rendez-vous : pas de pluie, un vent quasi inexistant, le ciel bleu apparaît… le fameux calme avant la tempête. En revanche, c'est le mur qui entoure cet œil qui est la zone la plus redoutable, dont les effets sont dévastateurs. Il est constitué de nombreux cumulonimbus, le nuage le plus puissant qui existe, où les éléments se déchaînent avec des vents allant jusqu'à 300 km/h et des précipitations torrentielles.

LE SAVIEZ-VOUS ?
L'effet Fujiwara

Dans certains cas de figure, si deux cyclones évoluent l'un près de l'autre, ils peuvent se mettre à tourner autour d'un point situé entre eux deux. Ils vont alors s'attirer, jusqu'à ce que le plus puissant absorbe le plus faible pour former un nouveau système qui prendra une nouvelle trajectoire. Cela s'appelle l'effet Fujiwara.

Si les marins redoutent autant le cyclone, c'est également parce qu'il a des conséquences considérables pour la navigation. Ses vents puissants génèrent une houle qui peut le devancer de 1 000 km. Mais l'événement le plus meurtrier est sans conteste la "marée de tempête", une surélévation du niveau de la mer qui peut atteindre les 7 m de hauteur, associée à des vents à plus de 120 km/h.

La puissance de ce phénomène varie en fonction de ces paramètres. Des classements existent sur lesquels s'appuient la communauté scientifique et les journalistes pour préciser la nature et l'ampleur des cyclones.

À la demande de l'Organisation météorologique mondiale, en 1969, l'ingénieur Herbert Saffir et le scientifique Robert Simpson, directeur à cette époque du National Hurricane Center[1], ont développé une

1. Le Centre national des ouragans est un centre de prévisions basé aux États-Unis qui s'est spécialisé dans l'étude des phénomènes cycloniques et responsable de la prévision des ouragans sur les bassins Atlantique et Pacifique est.

échelle permettant de mesurer la puissance et les effets des ouragans. Ils spécifient les valeurs de vent, l'onde de tempête, les impacts potentiels pour les humains. Il existe, selon l'échelle Saffir-Simpson, 5 catégories de cyclones pour des vents démarrant à 119 km/h pour la première catégorie jusqu'à plus de 249 km/h pour la dernière.

Cette échelle nous rappelle à tous des souvenirs bien précis. L'un d'eux nous a particulièrement marqués lors de l'automne 2017, une période où les Caraïbes ont subi plusieurs cyclones d'une rare violence. Je vous propose de retourner quelques années en arrière et de replonger dans ces récits.

Le terrible automne 2017 aux Antilles

2017 promettait une saison cyclonique classique selon plusieurs instituts météorologiques. Aucun signe de dysfonctionnements majeurs au niveau des océans ou de l'atmosphère qui auraient pu laisser deviner une possible saison active. En moyenne, dans cette région, il se produit chaque année 12 tempêtes tropicales nommées, 6 ouragans et 3 ouragans majeurs[2], c'est-à-dire au minimum de catégorie 3 sur l'échelle de Saffir-Simpson. Finalement, cette année-là aura dépassé tous les pronostics ! Il a été comptabilisé 17 tempêtes tropicales nommées, dont 10 sont devenues des ouragans et 6 se sont transformées en ouragans majeurs dont nous nous rappelons tous les noms : Harvey, Irma, José, Maria, Nate et Ophelia. Les faits marquants sont non seulement leur puissance mais surtout la rapidité avec laquelle ces ouragans se sont succédé, entre fin août et mi-octobre. Je me souviens d'ailleurs, lors de mes chroniques pour le JT de France 2, que nous pouvions apercevoir plusieurs d'entre eux sur le même cliché satellitaire, ce qui était inattendu.

> **Le saviez-vous ?**
> ***Le choix du prénom***
>
> *Les cyclones possèdent un nom court et distinctif pour permettre une meilleure communication et ainsi éviter des erreurs. La liste*

2. Source : Météo-France.

officielle des prénoms est constituée à l'avance, dans l'ordre alphabétique, et va dépendre du bassin où il a grandi avec une alternance systématique entre prénom masculin et féminin. Lors d'un événement dévastateur, son nom est retiré de la liste pour éviter toute confusion ultérieure.

Harvey

Tout a commencé avec la tempête Harvey, un ouragan de catégorie 4 qui a frappé de plein fouet le sud-est des États-Unis pendant la nuit du 25 au 26 août 2017 avec des vents allant jusqu'à 212 km/h. Les pluies diluviennes qu'il laisse dans son sillage sont dramatiques pour ces régions. C'est « *l'épisode le plus pluvieux des États-Unis continentaux, encore plus que les 1 220 mm enregistrés à Medina au Texas au passage d'Amelia en 1978* », raconte Météo-France dans ses articles. En 5 jours, il est tombé l'équivalent de 2 ans de pluie à Paris. Un chiffre édifiant. Le bilan fait état de plus de 80 morts et les dégâts ont été évalués à 190 milliards de dollars. Il a fallu attendre jusqu'au 3 septembre pour qu'il se dissipe complètement.

Irma

Il y aura eu un court répit de 3 jours dans l'actualité météorologique de cette année-là. Le 6 septembre, l'ouragan Irma passe en catégorie 5 avec des valeurs de vent jusque-là impensables ! Des vents moyens à 287 km/h, des rafales jusqu'à 360 km/h. Imaginez ce que vous ressentez lorsque vous êtes tranquillement installés dans votre voiture devant un passage à niveau, barrière fermée, cette sensation d'ultime vitesse, de vibration du sol, de rapidité lorsque le TGV passe devant vous à 320 km/h… et pourtant vous ne sentez son passage que quelques secondes seulement. Essayez à présent de vous représenter la puissance de cet ouragan qui a atteint cette même vitesse, non pas durant quelques secondes, mais pendant 3 jours et demi ! Votre maison, ce lieu où vous vous sentez protégé, se met toutefois à vibrer, avec un son qui vous transperce. Si la construction n'a pas été réalisée dans les normes pour supporter des vents violents, la maison va alors s'éparpiller dans le ciel comme un château de cartes.

Irma était comme un météore hors de contrôle, laissant un paysage de désolation après son passage. Saint-Barthélemy et Saint-Martin vont subir de très lourdes pertes. Si on se réfère aux informations données par Météo-France depuis que les données existent en 1851, « *il n'avait jamais été observé d'ouragan avec des vents aussi forts affectant les Petites Antilles* [...] *Il s'agit du premier atterrissage d'un ouragan de catégorie 5* [...] *Les plus forts, encore dans la mémoire collective, de type Hugo (1989, Guadeloupe) ou Luis (1995, St-Martin) étaient de catégorie 4 lors de l'atterrissage avec des vents moyens jusqu'à 220-230 km/h* ».

LE SAVIEZ-VOUS ?
Une 6e catégorie

La question s'est posée de l'utilité de créer une 6e catégorie sur l'échelle Saffir-Simpson pour ces ouragans redoutables. D'après Robert Simpson, il n'existe aucune raison suffisante pour la mettre en place, l'échelle ayant été créée pour mesurer non seulement l'intensité mais aussi les dégâts que les cyclones pourraient infliger aux infrastructures. Pour lui, la valeur de plus de 249 km/h évoquée dans son échelle a les mêmes conséquences que des vents à 350 km/h ; dans les deux cas, les dégâts seront considérables.

Irma continue de longer d'autres îles, Porto Rico et la République dominicaine entre autres. Comme il stagne partiellement dans les eaux surchauffées de l'Atlantique, il continue de se régénérer grâce à ce carburant et frappe une nouvelle fois ces îles à pleine puissance. Sa trajectoire montre que son prochain point d'accroche sera la Floride, et il touchera le sud de cet état américain avec des vents d'une puissance inouïe, jusqu'à 215 km/h. Je me souviens de ces images marquantes et terribles, de ces buildings, pourtant construits pour supporter des vents jusqu'à 250 km/h, qui semblaient vaciller et donnaient l'impression de pouvoir tous s'effondrer comme un jeu de dominos. Il faudra attendre 9 jours avant qu'Irma finisse son chemin en Alabama. Il devient le second ouragan le plus violent de l'Histoire avec ses valeurs de vent exceptionnelles, dans l'Atlantique, après l'ouragan Allen en 1980. Il sera resté en catégorie 5 pendant plus de 3 jours, une durée inédite pour cette région du globe.

José

L'ouragan José s'est formé au même moment qu'Irma. Il a non seulement suivi la même trajectoire mais est devenu, lui aussi, très puissant, s'acharnant sur des régions déjà sinistrées par Irma. La panique a atteint son paroxysme pour les populations. En deux jours seulement, José est passé du stade de simple tempête tropicale à ouragan de catégorie 4 avec des vents jusqu'à 240 km/h à quelques centaines de kilomètres des Antilles. Il n'arrivera finalement pas dans les terres et fera des ronds dans l'eau, perdant sa puissance à certains moments, se régénérant à d'autres. Sa trajectoire inquiète au moment où il remonte en direction des États-Unis et qu'il se rapproche de l'ouragan Maria. Les spécialistes ont cru, à ce moment, que les deux ouragans allaient s'absorber pour former un nouveau système, provoquant l'effet Fujiwara que nous avons décrit plus haut. En définitive, il n'en sera rien. José termine son périple le 19 septembre tout près du Massachusetts.

Maria

Les ouragans continuent de s'enchaîner à une vitesse folle. Le 17 septembre naît Maria, un ouragan de catégorie 1, qui, en 48 heures, va atteindre le stade ultime, la catégorie 5, en arrivant sur la Guadeloupe après avoir frappé de plein fouet la Dominique. Une autre île des Antilles françaises se retrouve donc confrontée à ce monstre météorologique qui produit des vents jusqu'à 260 km/h à Basse-Terre, particulièrement dans la nuit du 18 au 19 septembre. Glissements de terrain, pluies diluviennes, autant de calamités qui s'abattent en quelques heures seulement.

Ces puissants ouragans, qui se sont formés coup sur coup, interpellent sur nos constructions actuelles et celles que nous devrions envisager. Comment s'adapter à ces vents destructeurs qui peuvent s'influencer mutuellement, et projeter leur puissance sur les mêmes régions ? Aujourd'hui, les bâtiments sont construits pour nous protéger de vents jusqu'à 250 km/h, mais qu'en est-il lorsque des ouragans comme Irma en génèrent à 360 km/h ? Je suis allée à la rencontre d'un architecte spécialisé sur ces questions d'urbanisme et du génie paracyclonique, Patrick Coulombel, fondateur des

Architectes de l'urgence[3], une fondation qui apporte conseils et assistance aux populations touchées par des catastrophes naturelles. Ces bénévoles et professionnels remettent en état ou reconstruisent des écoles et autres bâtiments publics, sans oublier les maisons des particuliers, afin de permettre aux personnes brisées de retrouver des conditions de vie décentes rapidement après le drame.

Ils se sont donc déplacés aux Antilles, dévastées par la succession d'ouragans. « *Dès que nous sommes arrivés, nous avons mis en place la sécurisation des bâtiments publics, essentiellement des écoles : lycées, collèges et écoles primaires. En tout, il y en avait une vingtaine, nous nous sommes occupés de la moitié* », raconte Patrick Coulombel. Lors de ces travaux, se posent des questions comme la possibilité d'entrer ou non dans une habitation afin d'analyser son état général. « *Sur certains bâtiments, nous avons travaillé conjointement avec les pompiers de Paris et des personnes de la Sécurité civile* », précise-t-il. « *Nous avons fait deux démolitions car ils menaçaient la sécurité des personnes. Pour le reste les dégâts étaient mineurs.* » Malgré ce qui avait été annoncé par le gouvernement et relayé par l'ensemble des médias, l'île de Saint-Martin n'aurait pas été détruite à hauteur de 95 %. Ce chiffre se rapporterait en réalité aux infrastructures touchées : « *Cela correspond à des degrés divers, du simple carreau cassé à la tôle renversée. Des bâtiments vraiment détruits, complètement par terre, une fois sur place j'ai pu constater qu'il y en a eu moins de 10 %. De plus, ce chiffre intègre les constructions de bidonvilles, qui sont illégales et bien évidemment totalement vulnérables face à un cyclone* », détaille le créateur de la fondation.

Les satellites, dont l'importance pour l'observation et la prévision des cyclones et de leurs impacts n'est plus à démontrer, sont aussi devenus des outils indispensables pour aider les secours à identifier les quartiers particulièrement terrassés par l'ouragan. Pierre Tabary, responsable du programme Atmosphère, Météorologie, Climat au CNES[4] nous révèle l'intérêt de sa mission : « *Les satellites permettent d'évaluer les dégâts après le passage d'un cyclone. Dans ces étapes, on cherche à savoir quels quartiers ont été détruits ou endommagés. Ce sont des satellites d'imageries optiques qui sont capables d'observer avec une*

3. Plus d'informations sur https://www.archi-urgent.com
4. CNES, Centre national d'Études spatiales.

résolution meilleure que le mètre. Avec du traitement et de l'expertise humaine, nous sommes capables d'évaluer et de mesurer l'ampleur des dégâts par comparaison avec des photos prises avant le passage du cyclone. » Cet outil révolutionnaire, qui est mis en œuvre de manière très réactive dans le cadre de coopérations européennes et internationales, apporte une aide indispensable aux personnes présentes sur place venues aider la population « *On peut diriger les secours à tel endroit plutôt que tel autre. On caractérise également l'évolution du trait de côte*[5]*, qui peut changer après le passage d'un cyclone, et ainsi permettre l'acheminement des secours sans que cela leur porte préjudice.* » Ce n'est pas le seul service que permet l'espace, il y a aussi la vérification des travaux effectués, une façon de protéger les sinistrés : « *Il y a également le suivi de la reconstruction. Par exemple, c'est le cas à Haïti en ce moment, on mesure de manière indépendante le bon avancement de la reconstruction.* »

Les Antilles françaises font partie de la zone de sismicité la plus élevée, le niveau 5. Il est donc nécessaire et obligatoire de respecter les normes pour faire face à ce danger. Ces normes ont été réévaluées après chaque phénomène intense et s'articulent autour de 3 axes principaux : la réduction de la prise au vent, la résistance des toits face à l'arrachement, l'utilisation de la tôle ondulée pour la couverture, ou encore l'agencement des pièces permettant de supporter les mouvements des séismes, sans oublier l'ancrage profond au sol permettant à l'ensemble de la maison de pouvoir s'appuyer sur des fondations solides. « *Un séisme aux Antilles, c'est prioritairement un risque de tsunami, accompagné des mouvements du bâtiment qui oscille lors de la secousse. Lorsque vous construisez dans les règles de l'art du parasismique, globalement ils tiennent face aux cyclones, y compris si les vents ont des rafales de 250 à 350 km/h* », clarifie Patrick Coulombel. « *Le problème à surveiller pour le cyclone, c'est l'agrafage des couvertures. Comment les faire tenir avec des tôles ondulées ? Comment bien les fixer ?* » Autant de questions importantes à se poser. « *Aujourd'hui, c'est quelque chose que l'on sait faire. Il faut mettre des vis au bon endroit et non des clous, cela fonctionne très bien et garantit la sécurité des habitants dans leur maison.* »

5. Le trait de côte détermine jusqu'à quel niveau maximal les eaux des océans peuvent monter lors des marées hautes par conditions calmes.

La couverture n'est pas le seul sujet de préoccupation, les menuiseries sont également un motif d'inquiétude. « *Vous avez des caractéristiques pour les menuiseries extérieures en zones cycloniques. Elles doivent résister à l'eau, à l'air et au vent. Et donc, selon l'exposition de votre façade, vous devez avoir un indice de protection de ces menuiseries plus élevé. Aux Antilles, certaines ont été posées sans respect de ces contraintes* », conclut Patrick Coulombel. En effet, un des problèmes qui a été soulevé concerne de nombreuses constructions qui ne respectent pas ces normes pourtant essentielles à leur solidité. La raison principale est naturellement économique : le manque de moyens pour faire appel à des architectes professionnels. Les départements d'Outre-Mer affichent par endroits des taux de chômage atteignant jusqu'à 20 % de la population active. Ces régions manquent particulièrement de logements sociaux, et nombreux sont ceux qui construisent eux-mêmes leur maison en prenant le risque de mettre en danger leur vie.

Certains évoquent comme solution de sensibiliser la population aux normes paracycloniques, d'autres qu'il est nécessaire de développer davantage d'habitations accessibles aux personnes les moins aisées. Des évolutions considérables ont eu lieu sur ces îles depuis la fin du XXe siècle mais encore beaucoup de choses restent à faire pour protéger au mieux les insulaires du risque cyclonique.

DES EXEMPLES EUROPÉENS QUI SURPRENNENT

Ophélia

Dans cette terrible suite d'ouragans de l'automne 2017, il y en a un qui s'est surpassé, non pas par sa puissance mais par sa trajectoire : l'ouragan Ophélia. Il s'est formé un peu plus tardivement que les autres, le 9 octobre 2017, au large des Açores. Dans cette partie du bassin Atlantique, la température de l'océan était supérieure de 2 °C par rapport à la normale. Une anomalie qui a permis à Ophélia de se former et de gagner en puissance rapidement puisque, comme vous le savez maintenant, les eaux chaudes sont l'un des carburants d'un ouragan. Le National Hurricane Center[6] de Miami souligne

6. Centre National des Ouragans.

par ailleurs que les vents moyens étaient de 140 km/h près de l'œil. C'est une valeur historique pour un ouragan situé autant à l'est sur l'Atlantique pour un mois d'octobre. En quelques jours, Ophélia prend la trajectoire de l'Europe de l'ouest et se retrouve aux portes de la France. Cependant, il va avoir des conséquences différentes sur l'hexagone, en lui apportant un air chaud considérable. C'est une période où nous avons battu de nombreux records de chaleur ! En revanche, quelques jours plus tard, Ophélia connaît un essoufflement rapide en se rapprochant de l'Irlande : il a perdu toutes ses caractéristiques tropicales en frappant le pays, cependant ses vents sont restés aussi puissants que ceux d'un ouragan de catégorie 1 avec des vents moyens à 150 km/h et des rafales à 195 km/h.

Comment expliquer qu'un ouragan ait pu se développer à une latitude si élevée ?

C'est avant tout dû à cet excédent de chaleur dans l'eau (+ 2 °C par rapport à la normale) mais aussi à un air très froid en altitude qui a accentué le différentiel de température entre le sol et le sommet, pour le transformer en ouragan de catégorie 3.

Stéphanie

Ce n'est pas la première fois que cette question se pose. L'année précédente, la dépression Stéphanie a pris tout le monde de court en France. Tout commence le 15 septembre 2016. Une dépression classique prend forme vers le golfe de Gascogne. Elle tourne sur elle-même pendant quelque temps mais, au fil des heures, on se rend compte qu'elle commence à prendre des caractéristiques tropicales qu'elle puise dans ce secteur. Une dépression qui possède un cœur chaud avec des vents qui se déplacent verticalement, doublée de la formation d'un creusement suffisamment important pour ressembler à un œil, du jamais vu vers les côtes atlantiques françaises. Stéphanie ressemble à une dépression de zone intertropicale, donc inenvisageable sous nos latitudes plus tempérées. Ce type de phénomène est ce que l'on appelle une dépression subtropicale en ce sens qu'elle prend certaines caractéristiques cycloniques mais se développe au nord des tropiques. Comment expliquer sa progression ? Encore une fois, il faut aller chercher une des réponses du côté de la température de l'océan.

À nouveau, l'océan vers le golfe de Gascogne était de 2 à 3 °C au-dessus de la normale, des eaux particulièrement chaudes qui ont fourni suffisamment de carburant pour que la convection gagne en puissance, relâche toujours plus d'énergie et développe ce fameux cœur chaud.

C'est un événement qui n'avait jamais été observé auparavant dans cette zone.

> **Le saviez-vous ?**
> ***Le medicane***
>
> *En France, il existe depuis toujours une forme hybride qui se développe en méditerranée, cela s'appelle un TMS pour "Tropical-like Mediterranean Storm", plus connu sous le nom de "medicane" (pour la contraction de Mediterranean Hurricane), traduit par "ouragan méditerranéen". Une dépression qui possède un cœur chaud et un œil, qui donne des pluies et des orages intenses ainsi que des vents équivalents à un cyclone de catégorie 1 pour les plus puissants.*

Leslie

Plus récemment en septembre 2018, l'ouragan Leslie a fait la une de l'actualité en touchant de plein fouet le Portugal, à l'image d'Ophélia en Irlande – un an après jour pour jour, comble de l'ironie… Cette tempête post-tropicale frappe le Portugal, là encore avec des vents équivalents à un ouragan de catégorie 1, des rafales jusqu'à 176 km/h ayant été relevées. Ce pays a connu deux ouragans en 2005 avec Vince et en 1967 avec Cloë qui avait également bordé les côtes du sud-ouest de la France. Leslie sera en tout cas le phénomène le plus puissant au Portugal depuis 1842.

Ces phénomènes tropicaux se rapprochent de plus en plus de l'Europe. En l'espace de 2 ans, des faits étonnants se sont produits. Étudier les cyclones devient donc une priorité pour mieux les prévoir, les cerner, comprendre leur évolution. Ces manifestations les plus puissantes de la nature fascinent autant qu'elles sont dangereuses.

De nombreux outils se sont développés ces dernières années pour tenter de percer leur mystère. Et les pilotes chasseurs d'ouragans, qui prennent de nombreux risques, permettent également de les étudier au plus près.

L'étude des cyclones, des métiers hors norme

L'étude précise des cyclones est nécessaire pour mieux les appréhender, les comprendre et les prévoir, ainsi que leurs impacts, dans un contexte de réchauffement climatique. L'émergence de l'observation depuis l'espace a constitué une véritable révolution. On peut ainsi, depuis plusieurs décennies maintenant, détecter puis suivre les cyclones, de manière de plus en plus affinée. Les données collectées permettent de mieux analyser le fonctionnement du phénomène, et de prévoir, avec davantage de certitude, son intensité, sa trajectoire et ses impacts. Les satellites sont développés puis opérés par les agences spatiales – on peut citer notamment en Europe EUMETSAT et l'ESA[7], et également le CNES, l'agence spatiale française, petite "sœur" de la NASA[8]. Il existe aujourd'hui une flotte importante de satellites embarquant toute une série d'instruments qui auscultent en permanence l'atmosphère, un peu sous toutes les coutures. La cohérence d'ensemble du système d'observation global est assurée grâce à une remarquable coordination internationale, qui stimule également les échanges sur l'exploitation scientifique et opérationnelle des données.

Les informations des satellites sont complétées sur terre, *in situ*, par les stations d'observation mais aussi par les missions à haut risque de l'armée de l'air américaine et ses pilotes chasseurs d'ouragans qui vont affronter ce monstre météorologique.

Cette révolution technologique n'est pas si ancienne, puisqu'elle ne date que du milieu du XXe siècle. « *Le tout premier satellite opérationnel dédié à la météorologie a été lancé par l'Agence américaine, la NASA, en 1960, il s'appelait TIROS* », précise Philippe Goudy, chef du département des projets d'observation de la Terre à l'ESA.

---

7. ESA, European Space Agency (Agence spatiale européenne).
8. NASA, National Aeronautics and Space Administration (Administration nationale de l'Aéronautique et de l'Espace).

« C'est la première fois que l'on a pu observer des nuages et des dépressions vus d'en haut. La météo est vraiment le premier domaine qui a utilisé des satellites. » Devant ce succès, les Européens se mettent à leur tour à imaginer leurs propres satellites. « *C'est l'ESA qui a mis en œuvre le projet Météosat en 1977, et depuis on continue de le développer.* » Puis, en 1986, l'organisation européenne pour l'exploitation de satellites météorologiques, EUMETSAT, est créée. *« Aujourd'hui, ce sont 30 États membres de l'Europe qui agrègent leurs ressources pour développer une capacité d'observation du temps et du climat à partir de l'espace »*, complète Paul Counet, directeur de la stratégie et chef de cabinet de la direction générale à EUMETSAT.

Aujourd'hui, il existe plusieurs dizaines de satellites qui observent la Terre, répartis en deux grandes familles : les satellites en orbite géostationnaire et les satellites défilants ou polaires.

Les premiers (en orbite géostationnaire) sont en permanence à 36 000 km au-dessus d'un point fixe du globe et cartographient l'atmosphère : « *Au tout début, nous avions une photo à 10 km de résolution toutes les 30 minutes à 1 heure, maintenant l'ordre de grandeur est une photo à 1 km de résolution, rafraîchie chaque minute* », indique Pierre Tabary, responsable du programme Atmosphère, Météorologie, Climat au CNES. « *C'est vraiment une révolution. Maintenant, l'ensemble du globe est couvert par ces géostationnaires lancés par des centres du monde entier, américain, européen, japonais, chinois. En combinant toutes les données, on couvre l'ensemble de la Terre. Comme ce type de satellites se situent au niveau de l'équateur, des tropiques, ils sont parfaits pour étudier les cyclones.* » Ce sont eux, grâce aux multiples images qu'ils envoient, qui permettent d'identifier et de suivre le développement de phénomènes météorologiques au fil de la journée. Ce sont d'ailleurs ces photos que vous voyez dans nos bulletins météo lorsque nous vous montrons la vue de l'Europe avec ces masses nuageuses qui se déplacent. En revanche, du fait de la position de ces satellites, d'une part les hautes latitudes sont un peu déformées, d'autre part, étant très éloignés de la Terre, ils empêchent une analyse plus précise.

C'est pour cela qu'une deuxième famille de satellites a été conçue pour combler ce déficit d'images et de données : les satellites défilants ou polaires. « *Ils tournent autour de la Terre en passant au-dessus des pôles. Ils sont beaucoup plus bas en altitude – quelques centaines de kilomètres – et donnent donc des observations plus précises. Leur intérêt majeur est que vous cartographiez l'ensemble du globe de pôle à pôle avec exactement le même instrument* », explique Pierre Tabary. D'ailleurs, ces satellites sont particulièrement utilisés pour sonder notre atmosphère, permettant ainsi de mesurer ses différents composants. « *L'atmosphère, par rapport à la lumière solaire, c'est d'abord un filtre. Il agit comme un verre de lunette naturel et la teinture de ce verre dépend de la densité et de la température des molécules – telles que la vapeur d'eau, l'oxyde de carbone... – rencontrées par les rayons lumineux* », précise Philipe Goudy. Ces satellites peuvent également déterminer la température de l'atmosphère grâce à l'analyse des gaz qu'elle renferme : « *Les satellites de sondage observent la lumière du Soleil réfléchie par la Terre après avoir traversé l'atmosphère en montant et en descendant. À leur bord, des instruments que l'on appelle spectromètres réalisent de mini arcs-en-ciel qui sont pris en photo. Grâce à l'intensité des diverses couleurs de ces arcs-en-ciel, on peut déterminer la température et la proportion des divers constituants atmosphériques. La manière dont les couleurs sont filtrées permet même de déterminer l'altitude à laquelle les molécules mesurées se trouvent. Voici, de manière très simplifiée, le principe du sondage.* »

Ces deux familles de satellites ont révolutionné l'étude des phénomènes météo et, en particulier, celle des cyclones. Le cap fut énorme. Bien avant les satellites, nous nous basions uniquement sur les données au sol via les ballons-sondes, les stations météo avec les thermomètres et les baromètres, mais comme les cyclones se développent et se déplacent au-dessus des océans, les mesures étaient vraiment exceptionnelles. Seuls les bateaux pouvaient faire quelques rares observations ainsi que certains avions qui ont apporté de précieuses informations sur le bassin Atlantique. « *Aujourd'hui, on embarque dans les satellites défilants tout un tas d'instruments qui permettent d'aller mesurer l'intensité des précipitations, via des radars et des lidars qui émettent des ondes puis se réfléchissent en sondant l'intérieur d'un cyclone* », explique Pierre Tabary. Un pas de géant pour l'étude de ce phénomène. Les pluies ne sont pas les seules caractéristiques à être étudiées, l'état de la mer est également scruté : « *Cela nous permet d'obtenir des renseignements sur le vent de surface. C'est central pour définir l'intensité des cyclones. On mesure le niveau d'agitation de la mer. Il y a une relation directe entre la rugosité de la surface et l'intensité du vent* », développe-t-il.

Une fois toutes ces données recueillies par les satellites, il est temps de les intégrer dans les fameux modèles météorologiques. Ceux-ci rassemblent les données sur la situation actuelle du cyclone – où se trouve-t-il à un instant T ? Avec quelles intensités de vent et de pluie ? Quelle est la valeur de son extension verticale associée ? –, combinée à l'environnement dans lequel il va se propager – les eaux sont-elles chaudes ? L'atmosphère est-elle humide ? Y aura-t-il des îles sur son parcours ? Tous ces éléments interviennent dans son processus d'évolution et, une fois intégrés au modèle météo, une prévision en ressort : « *Dans le processus de prévision, on combine toujours des données d'observations pour connaître l'état de l'atmosphère, de l'océan à l'instant T, un modèle qui utilise les équations de la physique et qui fait l'intégration dans le temps, puis ce modèle produit des sorties qu'il convient d'expertiser. L'expertise humaine est indispensable pour filtrer certains aspects de la prévision qui ne sont pas corrects ou faire apparaître plusieurs scénarios d'évolution* », nous confirme Pierre Tabary. Il y a eu des progrès considérables dans la prévision des trajectoires des ouragans depuis ces dernières années, « *mais les modèles numériques ne sont pas encore au point sur l'intensification rapide. Ils ne sont ni assez systématiques ni assez précis pour pouvoir prévoir un affaiblissement ou un renforcement rapide et les prévisionnistes non plus. On a encore beaucoup de chemin à faire* », confesse Max Mayfield, ex-directeur au NHC[9], dans le documentaire *Ouragan, prévoir l'imprévisible* de John Jackson et Andy Byatt.

Plus les satellites seront performants, plus la prévision sera donc précise et fiable. Pourtant les inconnues sont encore nombreuses. Les satellites seuls sont parfois impuissants car ils n'ont pas encore la capacité de tout mesurer. Les observations *in situ* – par bouées, bateaux et lignes aériennes – sont tout aussi précieuses et fournissent des données complémentaires indispensables.

C'est pour cela que l'armée de l'air américaine a développé une unité spéciale pour étudier les cyclones au plus près : les fameux pilotes chasseurs d'ouragans.

Alors que n'importe qui s'enfuit à l'opposé de ce féroce phénomène pour tenter de lui échapper, eux, au contraire, vont à sa rencontre et plongent à l'intérieur de son œil. Pour mieux comprendre leurs missions, Garrett Black, pilote chasseur d'ouragans qui fait partie

---

9. NHC, National Hurricane Center (Centre national des ouragans).

du 53e escadron de reconnaissance météorologique (une unité de la 403e escadre de la Réserve de la Force aérienne de la base de Kessler, dans le Mississippi) nous a accordé un entretien afin de nous éclairer sur le but de ses missions : « *Nous fournissons au Centre national des ouragans (NHC) de Miami, en Floride, les données les plus précises dans les régions du monde où il est difficile d'en obtenir. Nous sommes en mesure de collecter des données qui sont disponibles en envoyant un WC-130J, un avion très résistant et équipé d'instruments de mesure, au centre des cyclones. Les données météorologiques étant très rares en eaux libres, il est donc essentiel de pouvoir les obtenir et de les envoyer directement au NHC en temps réel. En fin de compte, le but est que les données aident les météorologues du centre à améliorer leurs prévisions afin de réduire les pertes en vies humaines et en biens* », révèle-t-il.

Une mission qui n'est pas sans risque. Même si cette unité n'a connu aucun accident, tous gardent en mémoire le terrible drame qui a touché leurs prédécesseurs : « *Le 12 octobre 1974, 6 membres d'équipage du 54e escadron de reconnaissance météorologique ont disparu lors du passage du typhon Bess au-dessus de l'océan Pacifique. Cette unité était connue sous le nom de "Typhoon Chasers[10]", ils étaient positionnés à la base aérienne Anderson Air Force Base à Guam. Les membres de l'équipage du Lockheed C-130 Hercules, un avion de transport militaire, étaient le capitaine Edward R. Bushnell, le 1er lieutenant Gary W. Crass, le 1er lieutenant Michael P. O'Brien, le 1er lieutenant Timothy J. Hoffman, le technicien-sergent Kenneth G. Suhr et le sergent Detlef W. Ringler* », des noms qu'il cite comme pour leur rendre un dernier hommage. Je me devais donc de les retranscrire dans cet ouvrage en signe de reconnaissance pour le travail extraordinaire qu'ils ont accompli. Aller au-devant du danger pour obtenir des données qui pourraient sauver des vies, voilà le moteur de ces hommes et de ces femmes qui survolent ce type de phénomène. De son côté, Garrett Black a déjà traversé 76 fois un ouragan. Il connaît le nombre exact grâce à un outil qu'il appelle un "Penny Tracker", une sorte de balise qui indique le nombre de fois où chaque membre de l'équipe survole l'œil du cyclone.

La première question que l'on se pose est le ressenti de ces soldats face à un cyclone. La réponse de Garrett Black est fascinante : « *Au*

10. Chasseurs de typhons.

début, la tempête est généralement calme lorsque nous approchons du mur de l'œil. Une fois que nous sommes à proximité, on peut vraiment sentir l'odeur de la pluie et ressentir la puissance des turbulences. Elles varient beaucoup d'un cyclone à l'autre. Vous ne savez jamais à quoi vous attendre. Certains voyages sont plus chaotiques que d'autres. Parfois, on a la sensation de faire un tour de montagnes russes tout en étant à l'intérieur d'une voiture dans un lavage automatique », plaisante-t-il. « *Pour l'aspect extérieur, c'est plutôt gris lorsque nous traversons les orages avec des éclairs occasionnels, parfois même fréquents. Une fois que nous avons franchi le mur de l'œil et pénétrons dans l'œil lui-même, nous sommes récompensés par une vue spectaculaire et humble. Même si, en général, nous sommes souvent dans la tempête, parfois nous voyons des choses comme si nous étions assis au centre d'un terrain de football. Tout autour, des nuages imposants sont présents avec beaucoup de bruit mais à l'intérieur de l'œil, c'est parfois totalement dégagé et calme. C'est l'une des plus belles vues, que peu de gens ont la chance de découvrir.* » Une vision poétique et majestueuse de son métier… mais dans un contexte de recherches de données météorologiques cruciales. C'est le but premier de sa mission, collecter des informations complémentaires à celles des satellites : « *Nos renseignements peuvent fournir une analyse tridimensionnelle du cyclone. Grâce à la combinaison de nos données de décélération, du SFMR (un capteur qui étudie les vents de la surface de la mer et enregistre les valeurs toutes les 10 secondes), de nombreuses ressources sont fournies au Centre national des ouragans en temps réel. Les satellites ont parcouru un long chemin au cours des années et sont très précieux, mais il y a encore beaucoup de limitations.* » Garrett Black détaille : « *Le SFMR est un instrument essentiel car il nous dit ce qui se passe là où des vies et des biens seront affectés. Nous larguons également des drop-sondes depuis l'avion, qui fonctionnent sur le même principe que le ballon-sonde mais dans le sens inverse, car elles descendent en parachute au lieu de monter dans l'atmosphère. Elles nous permettent de connaître la température, le point de rosée, la vitesse du vent, sa direction et la pression jusqu'à la surface de l'océan. Leurs données sont renvoyées à l'ordinateur du météorologue environ trois fois par seconde.* » Les données des chasseurs d'ouragans réduiraient jusqu'à 33 % les erreurs de prévision des trajectoires des cyclones.

Le vent semble être le nerf de la guerre pour mieux prévoir les ouragans et définir leur trajectoire : « *Si nous étions capables d'enrichir l'observation des vents à la fois dans le cyclone mais aussi dans son environnement, y compris dans les basses couches – et c'est très important dans les premières centaines de mètres au-dessus de l'océan –, alors nous ferions de grand progrès dans la prévision de l'intensité et de la trajectoire des cyclones* », éclaire Pierre Tabary. « *Le satellite donne des mesures au sommet du cyclone et au niveau de la surface, mais ce qui manque c'est le profil vertical. Comment le mesurer ? On ne peut utiliser que des instruments actifs de type radar ou lidar, qui émettent un signal en traversant les couches de l'atmosphère, et le renvoient vers le satellite. Le problème est qu'ils consomment plus d'énergie, qu'ils sont plus gros, plus compliqués et plus coûteux. Nous n'avons pas, aujourd'hui, de système opérationnel utilisant ces instruments. Il y a eu des missions de recherches, des démonstrations mais nous ne sommes pas encore assez mûrs pour déployer une observation opérationnelle sur la durée.* »

Ce sera probablement la prochaine révolution que nous préparent ces grands scientifiques. De nouvelles générations de satellites partiront dans l'espace à l'horizon 2021 et 2022 avec, à leur bord, des instruments encore plus perfectionnés, performants et précis. Arriver à prévoir l'imprévisible, voilà le travail et le combat que livrent au quotidien ces grands chercheurs ou hommes "de terrain" qui survolent les océans. Des hommes de l'ombre qui font un travail remarquable et sont souvent représentés auprès du grand public par les astronautes.

À cette occasion, je suis allée à la rencontre de Jean-François Clervoy, le 5e astronaute français à avoir découvert l'espace. Il y a effectué trois séjours et nous livre son récit, teinté d'émotion et d'émerveillement, sur cette planète puissante et magnifique qu'il a pu observer comme personne. La première chose dont il me parle, pour bien faire comprendre ce que vivent et ressentent les astronautes, c'est l'*overview effect*[11], le nom donné à l'expérience tout à fait unique que vivent les astronautes quand ils voient la Terre depuis l'espace. « *C'est une combinaison d'expériences sensorielles qui déclenchent une expérience émotionnelle, laquelle s'ensuit d'une expérience intellectuelle et parfois même spirituelle.* » Il précise sa pensée : « *L'expérience sensorielle, c'est le fait que le champ de vision porte très loin, et le contenu change très vite, on voyage à 28 000 km/h donc ce que l'on a à un moment donné sous les yeux est renouvelé toutes les 10 minutes.* » Une expérience qui peut en perturber plus d'un. Lui ne cache pas l'émotion puissante qu'il

11. Effet de vision globale, en français.

a ressentie à la vue de la Terre depuis l'espace : « *On voit la Terre, en tant qu'être géologique, climatique, tectonique, elle abrite le vivant, et c'est tellement beau qu'on en est ému à avoir les larmes aux yeux, même si on est le plus endurci des astronautes.* » Pour préciser un peu plus sa pensée, il se remémore son tout premier voyage : « *Quand j'ai intégré le 14e groupe d'astronautes de la NASA en 1992, immédiatement, les nouveaux arrivés sont reçus par un astronaute senior en aparté dans les quartiers de quarantaine qui nous sont réservés pour tenir des réunions privées. Là, il nous a parlé de son expérience et il nous a dit : "Surtout ne vous étonnez pas de ressentir spontanément des frissons, ou des larmes perler à vos yeux sans que vous puissiez les contrôler, devant l'émotion de la vue de la Terre." Je ne peux que confirmer, c'est très fort, vraiment très fort* », dit-il, encore bouleversé.

Une fois cette émotion ressentie, vient ensuite l'analyse de notre planète. Lui qui a pu la voir d'une façon totale, unique et impossible pour nous, il nous en apprend beaucoup sur sa vision des phénomènes météo. « *La première chose qui frappe est que la Terre est belle, elle est unique – on ne voit rien d'autre qui lui ressemble –, elle est isolée – il n'y a rien à proximité, on voit le Soleil, la Lune et c'est tout. On ne voit même pas les étoiles si on n'éteint pas toutes les sources de lumière et surtout on prend conscience de sa puissance. Les phénomènes les plus étendus dans le champ de vision, ce sont les volcans avec leurs panaches de fumée gigantesques, et les ouragans, ces immenses disques qui peuvent atteindre des centaines de kilomètres de diamètre.* » Les volcans et les cyclones sont des phénomènes vraiment incroyables à voir depuis l'espace. Les astronautes nous offrent souvent la chance de pouvoir les admirer grâce à leurs vidéos ou photos. Il est vrai qu'un tel événement sur Terre prend une dimension dramatique alors que, vu d'en haut, cela ressemble à une bête aussi terrifiante que magnifique. D'autres manifestations peuvent aussi prendre un caractère exceptionnel : « *Lors de mon premier décollage, je suis dans le pont inférieur et non dans le cockpit supérieur équipé de 10 hublots. Je n'y monte qu'au bout de 20 minutes après le décollage. Je décolle à 12 h et je survole l'Europe à 12 h 20, heure de Floride. La France est encore éclairée par le Soleil et l'Allemagne est dans le noir. Le terminateur – c'est le nom que l'on donne à cette ligne qui sépare la zone encore éclairée par le Soleil de la zone qui est déjà dans la nuit – est à peu près à la frontière France/Allemagne. Au-dessus de l'Allemagne, je ne vois quasiment pas de lumières de villes, mais je vois d'énormes flashes lumineux, globuleux et étouffés, ce sont les éclairs qui se déchargent sous les masses nuageuses qui sont éclairées de l'intérieur. Et donc sur des centaines de kilomètres à la ronde, je vois ces cumulonimbus se transmettre ces éclairs les uns aux autres. On devine le tonnerre qui gronde dessous, à quel point ça doit frapper fort. Ma première impression est vraiment que la Terre est puissante.* »

La force de ces orages perçue alors en Allemagne est la même que sous un ouragan, déployant également des pluies abondantes et parfois une activité électrique intense. Cependant, depuis l'espace, l'analyse des cyclones est très différente. « *Dans mes différentes missions, je n'avais pas le temps de voir un ouragan du début de sa formation jusqu'aux dégâts causés. On pouvait se faire une idée de sa puissance par la taille. Je me souviens que l'ouragan Florence a commencé à se former dans le golfe du Mexique au début de mon premier vol, et a terminé sa course en fin de mission sur les côtes atlantiques en Espagne. On avait estimé le diamètre à 800 km, c'était impressionnant.* » Une vision spectaculaire qui n'échappe pas aux personnes restées sur Terre : « *Tous les matins on recevait à bord des messages des spécialistes de l'observation de la Terre qui nous disaient : "Ce n'est pas prioritaire, mais si vous avez le temps, on sait qu'aujourd'hui vous allez passer au-dessus de tel endroit, avec tel éclairage, et on aimerait bien que vous preniez telle photo avec tel filtre infrarouge ou ultraviolet ou autre." Il y avait des commandes pour photographier des phénomènes terrestres, océaniques, ou même météorologiques. À ce moment-là, nous filmions ou photographiions des volcans, des feux de forêts, des blanchissements de coraux ou des ouragans.* »

Les ouragans ne sont pas des manifestations que nous pouvons voir uniquement sur Terre. Ce phénomène naturel se forme en effet sur d'autres planètes, comme Jupiter : « *Il y a des cyclones sur Jupiter, c'est sur l'immense tache rouge que nous pouvons les voir. Ils sont présents depuis des centaines de milliers d'années.* » C'est grâce à la sonde Juno que les scientifiques ont pu observer non pas un mais plusieurs immenses cyclones serrés les uns contre les autres autour des deux pôles, qui semblent continuellement se régénérer. La sonde a même mesuré des vents à 350 km/h et un diamètre allant jusqu'à 7 000 km.

Tout aussi inquiétants que fascinants, les ouragans auront toujours une part de mystère et d'imprévu. Le monde de l'espace travaille sans relâche pour continuer de les étudier et tenter de les anticiper avec toujours plus de précisions, mais la nature continue de protéger une large part de ses secrets.

Les cyclones face au réchauffement climatique

L'étude des cyclones débute en 1851 sur le bassin Atlantique, mais à cette époque la base de données d'observations n'est pas homogène. L'accélération arrive dans les années 70, lors du lancement du réseau de satellites qui ceinture la Terre et la surveille 24/7, les scientifiques pouvant ainsi la scruter chaque seconde. Encore une fois, sans cette révolution technologique, comment faire pour étudier une telle machine atmosphérique qui prend naissance au-dessus des océans, loin de toute présence humaine ? Des observations qui aident aujourd'hui les scientifiques à répondre, en partie, à l'une des questions que nous sommes nombreux à nous poser : les cyclones deviendront-ils plus fréquents et plus puissants au cours de ce XXIe siècle ?

Par leurs analyses, les chercheurs ont remarqué une multiplication des cyclones dans l'Atlantique nord depuis les années 70. « *Leur fréquence semble augmenter plus fortement dans les années 2000. En 2005, on relève ainsi 27 systèmes cycloniques contre une dizaine par an en moyenne* », précise Météo-France. La réelle difficulté, pour comprendre leur évolution, est que ces systèmes varient énormément, non seulement chaque année, mais également d'une décennie à l'autre. Cette forte variabilité empêche aujourd'hui les chercheurs, malgré un recul d'une quarantaine d'années, de tirer des conclusions. Cependant, de nombreux phénomènes nous ont intrigués ces dernières années, comme ces ouragans qui se sont approchés de plus en plus près de la France. Peuvent-ils un jour s'abattre sur nos côtes ? Rien ne peut l'exclure. « *Ce n'est pas impossible qu'un cyclone touche la France. C'est vrai aujourd'hui ou dans un contexte de changement climatique. Il n'y a aucune loi physique qui l'interdit. Nous n'avons jamais été concernés mais comme c'est un phénomène rare cela peut aussi l'expliquer* », confirme Fabrice Chauvin, chercheur à Météo-France, spécialiste des cyclones. Malgré tout, le phénomène cyclonique semble élargir son champ d'action. « *On a mis l'accent ces dernières années sur des phénomènes qui se sont développés plus au nord que la normale. Même si ce n'est pas encore retranscrit dans le rapport du GIEC*[12]*, il y aurait une tendance qui se dessine sur l'expansion des tropiques et notamment sur l'élargissement de la zone d'influence des cyclones tropicaux. On parle d'une extension de 100 km par degré de réchauffement. Ils ne vont donc pas arriver jusqu'en Europe d'un point de vue climatologique. On a parlé beaucoup d'Ophélia en 2017 parce que ce cyclone est survenu juste après des ouragans majeurs aux Antilles, mais ce n'est pas si rare qu'un cyclone remonte à la latitude de la France.* »

Ce constat d'un décalage vers le nord, comme le raconte Fabrice Chauvin, est le résultat d'une étude que Météo-France a réalisée pendant 3 ans. Les résultats révèlent qu'à partir de 2050 « *un décalage de l'activité cyclonique vers le nord, qui rendrait la mer des Caraïbes et le golfe du Mexique plus paisibles au détriment de la côte est des États-Unis* », est possible. Pour autant, rien n'explique les raisons de ce changement. « *Il semblerait toutefois que la partie est du bassin Atlantique, où les systèmes précipitants liés à la mousson africaine quittent le continent, soit une zone-clé à surveiller* », précise Météo-France. Cela est visible dans les deux hémisphères. Un élargissement de la zone tropicale – là où se forment les cyclones – vers les pôles est donc en train de s'opérer. Ce changement pourrait sans doute expliquer le rapprochement d'ouragans encore puissants près de l'Europe ces dernières années. Cependant, aucune certitude pour le moment sur les raisons de cette expansion. Est-ce à cause d'une variabilité naturelle ? Du réchauffement des températures en surface ? Les chercheurs travaillent sur plusieurs pistes de réflexion pour tenter de trouver une explication.

D'autres recherches ont été menées sur l'évolution de la fréquence et de l'intensité de ce phénomène (à partir de 2050) avec des résultats concluants. « *Le message qui ressort dans les simulations est une stagnation du nombre, voire une légère baisse. Si on élabore une distribution statistique de tous les cyclones, ceux qui sont dans la partie la plus intense devraient augmenter* », explique Fabrice Chauvin. En d'autres termes, les cyclones les plus puissants auront tendance à augmenter. Dans les décennies à venir nous aurions donc autant de cyclones, voire même un peu moins qu'aujourd'hui, mais compensés

12. GIEC, Groupe d'experts intergouvernemental sur l'évolution du climat.

par davantage de cyclones puissants. En moyenne, le maximum d'intensité atteint par un cyclone au cours de son cycle de vie augmenterait légèrement. Les scientifiques ont surtout un message important en ce qui concerne les précipitations : « *Sur l'intensité des vents, le signal n'est pas très élevé. En revanche, pour les pluies associées, il est très haut. C'est un des trois facteurs les plus dramatiques des cyclones avec les vents et la montée des mers. En ce qui concerne les pluies, nous avons une augmentation de 10 à 20 %, ce qui n'est pas rien. S'il y a un message à faire passer c'est celui-là... l'augmentation des pluies est évidente* », précise-t-il. Contrairement à ce que nous croyons, ce sont surtout les précipitations et non les vents qui font le plus de victimes. C'est donc un paramètre plus dangereux que les autres qui semble se renforcer pour les cyclones les plus puissants, ce que confirme Fabrice Chauvin : « *C'est uniquement dans la gamme des valeurs intenses de ces phénomènes que l'on voit une tendance au renforcement. Tous les cyclones ne vont pas se renforcer. Ce sont les plus puissants qui le seront encore davantage* ». Si l'on combine ce paramètre avec la montée des eaux qui est en cours – une montée de 3,2 mm par an actuellement selon le GIEC –, le risque de submersion pourrait provoquer encore plus de victimes, rendant prioritaire la question de l'urbanisation des îles et des littoraux. « *Sur le rehaussement de la mer, quoi qu'il arrive dans le changement cyclonique lui-même, il y aura des impacts liés à l'élévation du niveau des eaux. Un même phénomène aujourd'hui, qui arriverait en 2070, occasionnerait des dégâts plus intenses à cause de ce critère. Se protéger contre les submersions est indispensable.* »

Pour autant, comment expliquer que ce soit l'aggravation des précipitations qui ressorte des études et non le reste ? Pour Fabrice Chauvin, c'est tout simplement une question de physique. « *C'est la formule de Clausius-Clapeyron, qui n'est pas spécifique à la météo, mais qui donne l'évolution de la pression de vapeur saturante d'un liquide en fonction de la température. Dans le cas de l'eau, la pression de vapeur saturante, c'est ce qui va faire que l'eau se condense. Cette capacité de l'atmosphère à contenir de l'eau sous forme de vapeur augmente avec la température. Donc si on a une atmosphère plus chaude, elle peut contenir davantage d'humidité. Par conséquent, dans le cas d'un phénomène extrême, celui-ci a le potentiel pour mobiliser plus d'eau au cours de son développement.* » D'ailleurs, malgré ce que l'on peut penser, ce n'est pas parce que l'eau de mer sera plus chaude en surface que les cyclones seront plus puissants. « *On n'obtient pas aujourd'hui une relation franche, c'est plus une limite à l'intensité, la température chaude de la mer désinhibe en quelque sorte le cyclone. Il n'y a pas de corrélation directe physique entre la température de l'eau qui augmente et le fait qu'un cyclone devient plus puissant. Ce que la température permet, c'est d'élargir le champ des possibles.* » Elle n'agirait donc pas directement sur la naissance d'un cyclone mais en revanche, si celui-ci est déjà développé, il ira puiser son énergie dans ce réservoir de chaleur et de vapeur d'eau, ce qui va ainsi l'aider à se maintenir en activité et même à se renforcer. En quelque sorte, la température à la surface des mers n'est pas le moteur du cyclone mais son carburant.

En ce qui concerne l'évolution de la puissance des vents, pour le moment, rien n'indique que cela s'amplifiera. « *On ne peut pas vraiment donner de chiffre, mais l'augmentation est seulement de quelques pour cent, grand maximum 10 %, ce n'est pas le chaînon qui sera le plus impacté.* » Cela signifierait effectivement qu'au lieu d'avoir un vent moyen à 100 km/h, il sera de 105 ou 110 maximum, ce qui change assez peu de choses sur les dégâts qu'il peut provoquer, contrairement aux pluies combinées à la montée des eaux. En aucun cas les vents ne passeront de 250 km/h à 350 km/h comme nous l'avons tous craint lors de la terrible suite d'ouragans en 2017, quand Irma a battu tous les records. Ce type d'événement restera toujours un phénomène ponctuel et unique. « *Dès qu'il y a un cyclone comme Irma ou Maria, on se demande toujours si c'est lié au changement climatique. On ne peut pas l'attribuer au réchauffement de la planète. En revanche, nous pouvons essayer de savoir si ce type de phénomène aura tendance à augmenter dans le futur en reproduisant les conditions de sa formation dans nos modèles, mais pour le moment il n'y a rien de concret qui en soit sorti* », conclut Fabrice Chauvin.

Aujourd'hui, les conclusions des études météorologiques nous rassurent autant qu'elles nous inquiètent. Elles nous rassurent car nous prenons conscience que la fréquence ne changera pas et que, même, une tendance à la baisse se dessinerait. Elles nous rassurent car les phénomènes tropicaux de faible intensité resteront semblables à ceux d'aujourd'hui, ce qui représente une grande majorité des cyclones. En revanche, les autres résultats nous préoccupent car les phénomènes les plus puissants se déchaîneront avec encore plus de force, avec des précipitations plus intenses de l'ordre de 10 à 20 %. Ils nous inquiètent car cette hausse est combinée à la montée des eaux. On attend une élévation d'ici 2100, selon le 5e rapport du GIEC, de 40 cm dans les scénarios les plus optimistes et jusqu'à 82 centimètres pour les plus pessimistes. Dans un contexte d'urbanisation importante et de constructions qui ne respectent pas toujours les normes, la situation pourrait devenir ingérable.

Cependant de nombreuses études sont en cours et d'autres réponses arriveront probablement d'ici ces prochaines années. Ces conclusions sont tirées de l'état actuel des connaissances.

LA NEIGE, PHÉNOMÈNE AUSSI MAGIQUE QUE REDOUTABLE

Ce phénomène météo est souvent le symbole de vacances en famille et de célébrations. Lorsque les flocons tombent, notre esprit d'enfant revient à une allure folle. Pourtant, la neige peut être à l'origine de terribles tempêtes qui ne laissent aucune chance à ceux qui sont sur leur passage. Les blizzards et les avalanches font souvent l'actualité et nous montrent que la neige est aussi magique que redoutable.

Quels sont les événements les plus marquants de ces dernières années ? Nos montagnes sont-elles en train de changer de visage ? Devons-nous craindre la disparition de la neige ces prochaines décennies ?

Partons à la rencontre de différentes personnalités, scientifique, directeur de piste, météorologue, qui vont nous raconter les dernières conclusions de leurs recherches. Mais auparavant, remontons plus de deux siècles en arrière…

1812 : LA CAMPAGNE DE RUSSIE

Notre histoire a été maintes fois bouleversée par les phénomènes météorologiques et nous aurions eu un avenir bien différent si le temps ne s'était pas mêlé des affaires des plus grands stratèges que la France ait connus. Napoléon 1er fait partie de ceux qui auraient mieux fait d'apprendre à apprivoiser cette science avant de partir combattre sans prendre la mesure des risques liés au climat.

Il faut remonter à l'année 1810 pour comprendre ce qui s'est passé. À cette période, l'aura de Napoléon est alors à son apogée, il est le maître incontesté de la moitié de l'Europe. Malgré tout, il a un allié dont il se méfie beaucoup, la Russie, gouvernée par le tsar Alexandre. En effet, ce jeune empereur prend ses aises suite aux accords de Tilsitt, Erfurt et la Paix de Vienne, en profitant pour tenter de s'octroyer la Finlande d'un côté, et de s'agrandir en s'appropriant des territoires polonais de l'autre. Ce dernier élément est comme un déclencheur pour Napoléon qui y voit une grande menace, comme piégé par les manœuvres de cet empereur très gourmand. Il se sent donc contraint de lui déclarer la guerre comme il le raconte dans ses *Mémoires*: « *La guerre de Russie devenait une conséquence nécessaire du système continental, le jour où l'empereur Alexandre violait les conventions de Tilsitt et d'Erfurt;* [...] *L'empire français qu'il avait créé par tant de victoires serait infailliblement démembré à sa mort, et le sceptre de l'Europe passerait dans les mains d'un tsar s'il ne rejetait les Russes au-delà du Borysthène, et ne relevait le trône de Pologne, barrière naturelle de l'Empire*[1]. » La terrible campagne de Russie démarre le 22 juin 1812 et plus de 600 000 hommes vont combattre jusqu'à une fin terrible, dictée par l'impitoyable hiver russe et l'immensité de ce territoire.

Fin juin 1812, Napoléon et son armée franchissent le Niémen avec pour objectif final d'atteindre Moscou. Le but de cette première bataille est d'encercler les Russes avec plusieurs corps d'armée pour les piéger. L'issue de ce combat est censée être une victoire éclair qui obligerait le tsar à mettre fin à la guerre. Le seul problème est que les troupes de Napoléon mettent un temps infini pour arriver à destination, laissant donc tout loisir à l'armée russe de s'enfuir. Sa surprise est donc grande, lorsqu'il dépasse le fleuve Niémen, en s'apercevant qu'il n'y a personne en face de lui. Il tente de poursuivre l'armée russe pendant plusieurs jours, en vain. Cette bataille, qui devait mettre fin à la campagne de Russie, se solde par un échec. Cependant ce n'est pas le seul coup dur qui l'attend. En s'échappant, les Russes utilisent une tactique effroyable et imparable pour contrer l'ennemi, la terre brûlée, qui consiste à tout détruire lors de leur retraite : les cultures comme les réserves dans les villages. Les chevaux se nourrissant d'herbe fraîche, lors de ces grandes campagnes militaires, ne peuvent plus s'alimenter et meurent de faim les uns après les autres. Les prémices d'une longue campagne qui se fera dans la douleur.

Au fur et à mesure de leur avancée, les troupes françaises ne tombent que sur ces étendues désertiques et brûlées. Napoléon souhaite malgré tout continuer le combat et, avant d'atteindre Moscou le 13 septembre, il doit livrer la terrible bataille de la Moskova : 50 000 Russes et

1. *Mémoires de Napoléon Bonaparte.* Il parle de lui à la 3e personne.

30 000 Français périssent ce jour-là au cours de combats d'une violence indescriptible. Pensant la bataille gagnée, Napoléon ne s'attend pas à ce que les Russes témoignent d'un esprit de vengeance destructeur. Le gouverneur de la ville donne, en effet, l'ordre de brûler Moscou, ses ressources comme ses habitants. Rien ni personne n'est épargné par cet incendie qui ravage tout sur son passage.

Alexandre 1er se refuse à toute négociation avec Napoléon qui se retrouve donc dans l'impasse. Il est également sans nouvelles de Paris, ses courriers étant interceptés. Autant d'éléments qui le décident à entamer sa retraite pour rentrer en France. Le temps est encore clément, les températures relativement douces et, en empruntant une route par le sud, il pense faire ce retour sans encombre. Cette zone étant vierge de toute dégradation, ses chevaux et ses soldats pourront se nourrir bien mieux que par les autres routes qui ont été ravagées par l'ennemi. Malheureusement, l'armée russe veille toujours et va contrarier ses plans, obligeant Napoléon à reprendre le chemin qu'il a emprunté pour venir à Moscou, un piège qui se referme sur lui et sa Grande Armée jusqu'à une funeste fin.

C'est une masse humaine considérable qui reflue donc sur ces routes encombrées, tout y est désorganisé. Malgré les postes de ravitaillement que Napoléon a fait installer le long du trajet, rien n'est prévu pour que la distribution se fasse. Les soldats sont obligés de s'éloigner pour chercher des vivres, devenant des proies faciles pour les cosaques et les paysans, quand ils ne meurent pas de maladie. La nature humaine montre alors l'un de ses plus terribles visages. Les plus affaiblis tombent à terre sans que les autres ne leur apportent une aide quelconque, se faisant piétiner par les chevaux, ignorés par les médecins qui ne peuvent les soulager. Ils meurent sur ces routes brûlées par l'ennemi plusieurs semaines plus tôt. L'hiver arrive, les premiers flocons tombent, les températures chutent jusqu'à -35 °C. Sans équipement adapté, ni gants, ni chaussures fourrées ni même manteaux, les soldats avancent dans ce froid glacial dans de terribles souffrances, leurs corps déjà affaiblis portant des charges de 30 kg. Un des rares soldats ayant survécu à cette retraite raconte : « *Les uns ne pouvant plus marcher faisaient leurs adieux à leurs amis, et attendaient avec patience le moment de la mort ; les autres s'enveloppaient dans des haillons, et demeuraient engourdis sur la neige qui, un moment après, devenait leur sépulture*[2]. » Des moments douloureux amplifiés par la faim, car la nourriture manque toujours. Les chevaux ne supportent pas mieux ces conditions extrêmes. Leurs sabots n'ayant pas de fers pour leur permettre de se maintenir, nombre d'entre eux glissent, s'affaiblissent et s'étendent sur le sol sans pouvoir se relever. Les soldats se jettent alors sur eux pour se nourrir dans le plus grand des désespoirs.

Tous espèrent que l'arrivée à Smolensk sera leur salut, cette ville où les denrées sont si nombreuses qu'ils pourraient y trouver enfin un peu de répit dans le calvaire qu'ils endurent. La neige s'intensifie, le blizzard souffle à vive allure, le froid semble de plus en plus glacial et les hommes s'effondrent au fur et à mesure de leur avancée. La terre tant convoitée est maintenant proche d'eux, mais hélas leurs espoirs n'étaient qu'un mirage, Smolensk se révélant totalement chaotique et agonisante. La maladie semble être partout, les vivres ont été pillés, les cadavres jonchent le sol, dégageant une odeur insoutenable. Les soldats prennent alors la fuite mais en chemin ils sont pris au piège par des paysans qui leur réservent un sort terrible ou par les cosaques qui multiplient les attaques. Certains se font voler leurs habits, leurs bottes... Leurs membres gèlent, certains y perdent les jambes, d'autres les mains, le froid les dévore lentement.

Les soldats survivants arrivent au passage de la Bérézina fin novembre, après cette longue et maudite traversée. À cette époque de l'année, la rivière est normalement gelée. Mais la météo a décidé de les surprendre. Un dégel inattendu a transformé la Bérézina en une sorte de torrent glacé. Une ultime épreuve pour les troupes napoléoniennes alors que les Russes les talonnent pour livrer la dernière bataille. Il faut construire deux ponts pour passer cette rivière et sauver ce qu'il reste de la Grande Armée... 400 pontonniers vont donc s'affairer à cette construction. La plupart d'entre eux y laissent la vie pour sauver celle de leurs camarades, car il leur faut patauger dans cette eau glacée qui, de plus, charrie des blocs de glace aux arrêtes tranchantes qui leur provoquent des entailles, des heures durant. Ces hommes ont fait acte de bravoure et surtout d'héroïsme, le sacrifice de leur vie aura permis de sauver des milliers de leurs camarades. Cependant, une fois ces ponts construits, tout ne se passe pas comme prévu. Après quelques passages, l'un des deux ponts s'effondre. Il sera reconstruit

2. *Journal d'un grognard de l'Empire.*

en quelques heures… Peu de temps après, à la vue de l'armée russe, tout le monde se précipite dans un désordre absolu, certains soldats meurent écrasés, d'autres noyés dans la rivière glacée. Cependant, un grand nombre aura réussi à passer de l'autre côté.

Ils étaient 600 000 hommes au lancement de cette campagne de Russie. Puissants, redoutés, ils pensaient que leur ennemi allait céder dès la première bataille. L'immensité du territoire, la tactique de la terre brûlée et le terrible hiver russe ne leur ont laissé aucune chance. Plus de 200 000 d'entre eux sont morts de froid, d'autres au combat, certains ont été faits prisonniers ou ont déserté. Après avoir traversé la Bérézina, Napoléon revient avec seulement 30 000 soldats. Les autres auront été recouverts par un immense linceul blanc.

Qu'est-ce que la neige ?

La formation de la neige paraît simple à comprendre au premier abord, pourtant elle cache en réalité une grande complexité dans son développement. En France, il y a des régions qui sont plus propices que d'autres pour profiter de ce trésor blanc. Naturellement, les régions situées près de la mer Méditerranée et de l'océan Atlantique sont soumises à des températures plus clémentes grâce, notamment, à un air maritime qui régule les valeurs excessivement froides. En revanche, l'est de la France est soumis régulièrement à des descentes d'air froid venant soit de l'est de l'Europe soit du pôle Nord. Les températures étant plus basses, le risque de neige devient plus élevé si, au même moment, des précipitations ont lieu.

> **Le saviez-vous ?**
> ***Podium des villes***
>
> *Le Puy est la ville où il neige le plus avec 27 jours par an en moyenne, viennent ensuite Langres avec 21 jours puis Besançon et Strasbourg avec 19 jours*[3].

3. Données relevées sur un réseau de 25 stations météo bien réparties et ayant observé la neige en continu sur la période 1981-2010. Source Météo-France.

Plusieurs facteurs sont nécessaires pour que la neige se forme. Une température inférieure à 0 °C est une condition essentielle mais il faut aussi de la vapeur d'eau et des particules dans l'air.

Tout commence avec un nuage qui contient de la vapeur d'eau. Paramètre déterminant : sa température doit au plus atteindre les -10 °C. Au cœur de ce nuage froid, la vapeur d'eau se condense progressivement. Dans un premier temps en gouttelettes d'eau puis en cristaux de glace qui vont s'agglomérer autour de fines particules. Ces cristaux de glace ne sont pas encore des flocons de neige, il y a encore d'autres conditions à remplir pour que la transformation complète ait lieu.

Si la base du nuage a une température inférieure à 0 °C, alors les cristaux de glace vont continuer leur croissance en s'accrochant les uns aux autres. Lorsqu'ils deviennent trop lourds pour rester dans le nuage en suspension, ils tombent au sol. Cependant, les températures qu'ils traversent à travers les différentes couches de l'atmosphère restent déterminantes à leur survie. Il faut que ces couches soient suffisamment froides, également en dessous de 0 °C, pour que les cristaux de glace continuent de se former lors de leur chute.

Cependant, il ne faut pas croire que par grand froid la neige va tomber, bien au contraire ! Plus l'air est froid moins il y a d'humidité dans l'atmosphère. Or la vapeur d'eau est indispensable à la formation de neige. Il y a donc plus de chances de voir des grandes quantités de neige tomber en France qu'au pôle Nord.

Nous avons vu le cas classique de la formation de la neige. Ce n'est toutefois pas un phénomène aussi simple qu'il n'y paraît et il existe des situations atypiques où sa formation est possible.

Neige par isothermie

Régulièrement en France, la neige est produite par isothermie, un terme qui fait référence à la notion d'isotherme 0 marquant la frontière d'altitude entre les températures positives et négatives. Cette neige peut se former lorsque la température au sol est positive. Lors d'un temps perturbé, les nuages vont alors donner des précipitations assez classiques voire des pluies éparses. En revanche, si ces pluies deviennent de plus en plus fortes voire violentes, elles vont ramener avec elles l'air froid contenu dans le nuage jusqu'au sol. Mécaniquement, les températures chutent brutalement, l'isotherme va alors se rapprocher du sol et peu à peu, ce n'est plus de la pluie mais de la neige qui va tomber. Ce mécanisme complexe fait qu'il est très difficile de prévoir ce type de transformation.

Neige de pollution

Cette formation étonnante nécessite un temps calme et froid en présence d'un puissant anticyclone hivernal. Celui-ci provoque une forte inversion des températures qui agit comme un couvercle et a pour effet d'emprisonner l'air froid près du sol. L'humidité étant présente, des brouillards et des nuages bas se forment. Cependant, ces simples nuages ne suffisent pas à former de la neige et c'est là que la pollution intervient. Lorsque que l'on parle de pollution, on parle aussi des particules fines, minuscules et circulant dans l'atmosphère, et qui vont servir de noyau. Une base indispensable à la formation de la neige qui a besoin d'une surface pour que la vapeur d'eau se fixe autour d'elle, gèle et se transforme en neige.

Effet de lac

Il faut trois ingrédients pour que l'effet de lac produise de la neige : une vague de froid, du vent et une surface maritime (lac ou mer). Lorsque que le grand froid s'installe, il a tendance à stagner sur le continent. Parfois le vent se lève et va pousser cet air froid. Il arrive alors qu'il emmène cet air glacial au-dessus d'un lac ou d'une mer qui eux, en revanche, possèdent une température plus douce que l'air. Résultat, l'eau douce et l'air froid vont entrer en collision, générant de la convection. Plus le contraste est important plus ce phénomène sera puissant, ce qui pourra provoquer des averses de pluies froides, du grésil ou de la neige selon l'intensité. Toujours poussés par le vent, ces nuages vont traverser le lac ou la mer, et feront tomber de la neige sur terre jusqu'à parfois former des congères. On rencontre ce type de formation en France près des côtes de la Manche, le long des côtes d'Aquitaine ou sur la façade orientale de la Corse, mais surtout aux États-Unis dans la région des Grands Lacs d'où vient l'origine de son nom, "Lake-effect snow", soit neige par effet de lac.

La neige réserve encore bien des mystères, elle se développe de multiples façons, est de différentes qualités mais elle se présente aussi sous différentes formes.

Les cristaux de glace ont généralement l'apparence d'un prisme hexagonal mais il en existe beaucoup d'autres car ils ne grandissent pas tous à la même vitesse. Leur forme et leur croissance sont influencés par la température, l'humidité et le vent. Ils sont répertoriés en sept catégories : plat, étoilé, colonne, nouille, dendrite, colonne coiffée et formes irrégulières.

Leur aspect varie donc surtout selon la température. Entre 0 et -4 °C, les flocons sont plats, entre -4 °C et -10 °C, ils prennent la forme d'une colonne. Les aiguilles apparaissent entre -4 °C et -6 °C. Puis vient la question des branches : ce qui les détermine c'est la présence de l'humidité. Plus il y a de vapeur d'eau, plus ces branches prendront une structure dendritique. En cas de changement des conditions environnementales, d'autres cas sont possibles.

La neige nous paraît donc accessible et enveloppante, voire enchanteresse, mais elle est en réalité complexe et mystérieuse, et peut même se montrer dangereuse. Nous allons ensemble redécouvrir ces histoires qui ont défrayé la chronique ces dernières années en France et aux États-Unis.

Snowzilla : le blizzard du siècle aux États-Unis

Nous sommes le 23 janvier 2016. Les journaux d'information ouvrent sur la tempête Jonas, rebaptisée par les Américains Snowzilla, contraction de "snow" (neige en anglais) et de "zilla", terminaison de Godzilla, le monstre d'un film japonais très populaire. Et ce nom de code lui convient parfaitement. Les images sont à peine croyables, et nous donnent la sensation de regarder un remake des films catastrophe célèbres comme *Le Jour d'après*. Des dizaines de centimètres de neige qui envahissent les rues des plus grandes villes de la côte est des États-Unis. Les portes des maisons qui s'ouvrent face à un mur de neige avec aucune possibilité de sortir, des skieurs qui se déplacent dans les rues de New-York, transformée en station de ski durant quelques jours. Retour sur Snowzilla, le blizzard du siècle.

Sur la côte ouest américaine, le 19 janvier 2016, une dépression classique prend vie. En arrivant vers les grandes plaines, la différence entre l'air froid en altitude et l'air chaud au sol s'amplifie et se renforce. Le phénomène ne passe pas inaperçu lorsqu'il borde le golfe du Mexique, déclenchant orages et tornades. Une dépression jumelle se développe non loin de la Caroline du Sud. Les deux systèmes vont alors fusionner : Jonas est né. Les prévisionnistes américains voient l'arrivée de cette tempête de neige presque une semaine avant l'impact prévu. Tous les modèles météorologiques sont d'accord sur deux points : la trajectoire et la quantité de neige considérable attendue. Des bulletins d'avertissement de blizzard sont alors émis par les bureaux locaux du National Weather Service, l'équivalent de Météo-France aux États-Unis. Les 21 et 22 janvier, les gouverneurs de plusieurs États, dont celui de New-York, déclarent l'état d'urgence en prévision du potentiel de ce phénomène peu banal qui s'annonce. Les voitures ont l'interdiction de rouler, les avions de décoller, les écoles ferment leurs portes, les citoyens restent cloîtrés chez eux, les transports en commun sont suspendus. Une partie du pays retient sa respiration à l'approche de Jonas qui surgit dans la nuit du 22 au 23 janvier 2016.

Jonas se montre aussi terrible que les prévisions l'avaient annoncé. À l'aube du 23 janvier, les premières chutes de neige recouvrent déjà de très nombreuses régions dont celle de Washington. Tout le monde se prépare à l'arrivée d'une nouvelle salve encore plus puissante pour les deux jours suivants. Ce qui s'est passé cette nuit n'est que le début d'un long week-end au cœur de la tempête. Les Américains se ruent dans les magasins pour faire un maximum de provisions craignant de rester bloqués plusieurs jours, les rayons sont dévalisés. Une précaution qui leur sera effectivement d'un grand secours.

La journée du samedi est très compliquée, 50 à 60 cm de neige sont tombés en l'espace de 24 heures, on parle alors de chute de neige historique car cela ne s'est pas produit depuis près d'un siècle. Toutes les grandes villes de la côte est sont concernées, soit près d'un quart de la population américaine qui subit la tempête Jonas, rebaptisée, au vu de son ampleur, Snowzilla. Des milliers de citoyens n'ayant pas écouté les recommandations des autorités et ayant malgré tout pris leur voiture, se retrouvent bloqués sur les routes, provoquant des situations très dangereuses. Des congères prennent la place des voitures, les rues sont désertées. Les images montrent des villes fantômes où le temps semble suspendu. Par endroits, des conditions de blizzards se sont mises en place, avec des vents soufflant jusqu'à 120 km/h qui accompagnent ces puissantes chutes de neige. Dans la nuit du samedi au dimanche, la neige continue de tomber, atteignant jusqu'à 1m de hauteur, notamment en Pennsylvanie. La nouveauté pour cette journée dans le New Jersey, c'est qu'à la neige et à la glace se sont ajoutées des inondations provoquées par de très fortes marées.

Le saviez-vous ?
Qu'est-ce que le blizzard ?

C'est une tempête hivernale qui dure au minium 3 heures et au maximum 3 jours. Pour qualifier un événement de blizzard, il faut à la fois de puissantes chutes de neige, accompagnées de vents soutenus au minimum de 40 km/h. Les deux réunis réduisent considérablement la visibilité à moins de 400 m. Il existe plusieurs types de blizzard, celui de tempête, de surface ou de montagne.

Dans la journée du dimanche, le soleil refait son apparition, les températures commencent à remonter, Jonas s'éloigne en direction des îles britanniques. Les villes vont mettre du temps à se remettre de ces conditions extrêmes. Au total, ce sont 85 millions d'Américains qui ont été ébranlés, la côte est des États-Unis étant particulièrement peuplée avec des villes comme New-York ou Washington. Près de 200 000 personnes ont subi des coupures d'électricité. Les chutes de neige ont atteint des records, Jonas devient la seconde plus forte tempête de neige depuis 1869. Les relevés officiels donnent le vertige. En 24 heures, il est tombé 83 cm à Purcellville ou encore 68 cm à

Central Park. Durant tout le week-end, 11 000 vols ont été annulés (décollages et atterrissages confondus), 11 États ainsi que le district de Washington ont été placés en état d'urgence, ce qui aura permis de sauver de nombreuses vies. Malheureusement, 25 personnes ont péri dans ces intempéries, à cause d'accidents de la route ou d'arrêts cardiaques provoqués par le froid.

Snowzilla devient donc une tempête historique que l'on pensait rare, mais le froid extrême et les chutes de neige démesurées semblent vouloir s'installer durablement dans cette région du monde.

Décembre 2010 : neige historique en France

Les épisodes de neige exceptionnels en France ne sont pas nombreux dans les années 2000. Ils sont souvent mentionnés lorsqu'ils sont précoces ou tardifs, comme ce fut le cas en mars 2013. Cependant, un événement a particulièrement marqué les esprits pendant plusieurs semaines, en décembre 2010, avec des chutes de neige historiques sur le nord de la France : l'un de nos pires hivers.

Du 25 au 30 novembre 2010

Tout commence le 25 novembre 2010. La France est positionnée au cœur d'un "combat", celui entre l'air froid arctique, présent sur les îles Britanniques jusqu'à la Scandinavie, et l'air doux qui remonte du Portugal et de la péninsule ibérique. Nous sommes situés précisément à l'endroit où ces deux masses d'air se rejoignent. Une zone de conflit qui va durer tout au long du mois de décembre. Mais les Français ne sont pas tous logés à la même enseigne : côté nord, les régions sont constamment alimentées d'air glacial. Côté sud, c'est le grand écart permanent entre des incursions de froid, rapidement chassées par des périodes d'un redoux excessif. Entre ces deux limites, les régions les plus centrales subissent de plein fouet les conséquences et vont connaître des épisodes de neige historiques. Les premières chutes démarrent sur les régions allant de la Touraine vers la Lorraine, puis rapidement tout le nord est concerné. Le lendemain, les précipitations continuent de descendre en direction des régions situées plus au sud. De l'Aquitaine à la région Rhône-Alpes, personne n'est épargné. Une situation qui va durer 3 jours, avec déjà des premières chutes de neige inhabituelles pour un mois de novembre : 16 cm à Orléans ou encore 12 cm à Metz, des records mensuels sont atteints dans plusieurs villes. Brutalement, le 30 novembre, les températures s'effondrent, similaires à celles que connaissent les habitants du Grand Nord, comme en Laponie. Des records de froid pour un mois de novembre qui écrasent littéralement les anciennes valeurs : à Orléans, le mercure chute à -15,3 °C alors que le précédent record, datant de 1956, était à "seulement" -9,5 °C.

Du 1er au 7 décembre 2010

Dans la soirée, une nouvelle offensive neigeuse touche la région Rhône-Alpes. Au réveil du 1er décembre, les Chambériens n'en croient pas leurs yeux : le château des Ducs de Savoie et la cathédrale Saint-François de Sales sont recouverts de 38 cm de neige (Grenoble et Lyon ont reçu respectivement 27 et 25 cm au cœur de la ville). Par la suite, les perturbations s'enchaînent à un rythme effréné. Les 2 et 3 décembre, elles percutent les côtes de la Manche, particulièrement le nord de la Bretagne et le Cotentin. Là encore les relevés sont exceptionnels puisque l'on atteint plus de 50 cm à Saint-Brieuc ou à Gonneville[4]. Après cette arrivée spectaculaire de neige, les températures remontent rapidement pendant le week-end. La fonte de la neige surprend alors les habitants de Cherbourg. Au même moment, la marée est particulièrement haute, ce qui va provoquer des inondations historiques où le niveau d'eau monte par endroits jusqu'à 2 m.

Le 8 décembre 2010

Alors que le sud de la France semble être en plein printemps avec 24 °C en Corse, le nord subit toujours le froid hivernal. La période de conflit entre les deux masses d'air est loin d'être terminée. Cette journée du 8 décembre va marquer de nombreux Français, car une nouvelle perturbation approche et va provoquer des conditions dantesques en Île-de-France, y compris dans la capitale. Les hauteurs

4. Source Météo-France.

de neige sont importantes : 18 cm à Meudon et 12 cm à Paris, ce qui va engendrer des complications à peine croyables dans cette agglomération surpeuplée et peu habituée à cette situation météorologique. La région va alors connaître une de ses plus mémorables paralysies routières : 425 km[5] d'embouteillages à 19 h, un record à l'époque, et des milliers de personnes qui se retrouvent bloquées dans les aéroports, au bureau ou dans leur voiture. Un épisode marquant pour la capitale qui se répétera malheureusement au début du mois de février 2018.

> **Le saviez-vous ?**
> ***Pourquoi la neige est blanche***
>
> *La neige est constituée d'eau sous forme de glace, elle devrait donc être transparente, pourtant nous la voyons blanche. C'est parce qu'elle contient des milliers de cristaux de glace qui dévient et se renvoient la lumière les uns sur les autres. Au lieu de devenir des prismes révélateurs comme pour un arc-en-ciel, les couleurs se mélangent et diffusent une couleur blanche.*

Du 9 au 28 décembre 2010

Les jours vont ensuite se suivre et se ressembler. Après un moment de répit de quelques jours à peine, mi-décembre, une nouvelle arrivée d'air froid et une perturbation neigeuse touchent l'ensemble du territoire. Le nord sera envahi par les flocons et le sud par le froid. C'est l'épisode du 20 décembre qui va tout bousculer. Cette fois, les cumuls atteignent les 20 à 40 cm, de l'Île-de-France à la Normandie.

Ces épisodes auront au total duré 1 mois, s'étirant de fin novembre à fin décembre. À Paris, « *il a neigé 14 jours durant le mois et une couche de neige de plus de 1 cm a été observée à 16 reprises, l'épaisseur de neige au sol atteignant même 12 cm le 8 décembre. Ces valeurs constituent toutes les trois des records pour un mois de décembre* », précise

5. Un record qui a été battu en février 2018 où 739 km d'embouteillages cumulés ont été relevés, là encore pour un épisode de neige comparable à celui de décembre 2010.

Météo-France. En tout ce sont près de 21 épisodes de neige recensés sur l'ensemble de cette période.

Nous venons d'exposer des périodes exceptionnelles où la neige est tombée abondamment au cœur des villes. Cependant, là où nous la voyons le plus souvent, c'est sur les massifs et particulièrement lors de séjours dans les stations de ski.

La montagne change de visage

Les stations de sports d'hiver ont connu une ascension fulgurante dans les années 60, une époque où la neige était abondante et où l'État encourageait le tourisme dans ces régions montagneuses. Entre 1964 et 1977, le "plan neige" voit le jour avec l'objectif de créer 20 nouvelles stations de ski dans les Alpes, dans le but de voir la France devenir le leader européen du tourisme en montagne et d'attirer entre 300 000 et 350 000 touristes supplémentaires chaque année. C'est à cette période que La Plagne, Les Ménuires ou encore Isola 2 000 ont vu le jour, sur une quinzaine d'années de développement. La quantité de neige n'était alors pas un sujet de préoccupation. Seulement, à la fin des années 80, l'environnement en montagne commence à changer. Trois hivers sans neige se succèdent, l'inquiétude monte chez les professionnels et des questions se posent. Une nouvelle façon de concevoir les stations de ski doit émerger. Christian Reverbel est celui qui a donné à l'Alpe d'Huez le visage qu'on lui connaît aujourd'hui. Directeur du service des pistes de cette station emblématique pendant 45 ans, c'était un précurseur qui a très vite décidé d'aménager les pistes pour garantir aux touristes de pouvoir circuler sur l'ensemble du domaine. Une idée révolutionnaire qui n'a pas plu à tout le monde. Mais après avoir fait l'objet de vives polémiques, l'aménagement des stations se généralise aujourd'hui et devient même indispensable pour leur survie. Christian Reverbel nous raconte les années de développement de l'Alpe d'Huez qui a remporté le titre de la meilleure station de ski d'Europe en 2017 : « *Il y a 40 ou 50 ans, les pistes pouvaient être sculptées dans des manteaux de neige très épais, on pouvait leur donner une forme, une ligne. Petit à petit, le domaine s'est "érodé", on s'est rendu compte que l'on n'avait plus assez de neige pour tailler dans la masse et qu'il fallait donc aménager le support. C'était l'ère de l'aména-*

gement des pistes dans les années 80, on s'est beaucoup posé de questions là-dessus. Nous étions quelques-uns à suivre les traces de Jean Cathelin et Émile Allais qui étaient les créateurs de la station de Courchevel. Eux, bien avant nous, avaient compris ce qu'une station voulait dire et ce qu'il fallait faire et ne plus faire. Il était temps d'arrêter de compter sur la nature, parce qu'elle était un peu en train de nous abandonner, temps de créer un support adapté, d'aménager un espace dédié tout en respectant la nature afin d'améliorer les sites qui accueillent chaque jour des centaines de personnes. » Qu'est-ce que cela signifie, concrètement ? Dans notre inconscient collectif, nous pensons tous que la station existe hiver comme été et que la neige ne fait que se déposer dessus… preuve d'une totale méconnaissance du nécessaire travail en amont. « *On doit créer un support en aménageant la montagne. On met en place des pâturages, car si le terrain est bien fauché et bien brouté, avec 20 cm de neige, on peut faire du ski. Dans un site qui n'est pas aménagé, avec des trous, des cailloux, et tout ce que l'on peut trouver en montagne, il faudrait 50 cm, 80 cm voire 1 m de neige pour faire une piste. À l'Alpe d'Huez, c'est une étape que l'on a franchie à l'époque, nous avons d'ailleurs été fortement critiqués alors que maintenant ça semble évident.* » Cette période est marquée par une bataille entre ceux qui souhaitent aménager les pistes et les défenseurs de l'environnement. Ces débats ont permis une collaboration dans ce vaste projet pour qu'il soit profitable à tous. « *Aménager le support, le peaufiner, cela va dans le sens du développement durable. Les travaux que l'on fait sur nos pistes impactent soit des pâturages soit des sites protégés. Il faut donc le faire de manière intelligente, coordonnée, en respectant la nature, en faisant en sorte de préserver les espèces protégées. Directeur de pistes, c'est devenu un travail de paysagiste l'été. L'idée maîtresse est de préserver la beauté du site dans le sens strict du terme mais également au niveau de la qualité et de la protection de l'environnement. On ne touche pas aux zones humides, ni aux ruisseaux ni aux rivières. On aménage les zones dans lesquelles on est sûr que l'impact ne sera pas négatif. Il y a toujours une enquête sur la faune et la flore réalisée en amont. Aujourd'hui, on engage de grands projets avec des études qui peuvent prendre plusieurs mois avec des écologues, des bureaux spécialisés, qui viennent faire des analyses pour y veiller. Les stations aujourd'hui sont en train de s'y mettre, c'est une sorte de révolution qui est en marche.* » Un travail mené avec toutes les parties prenantes qui permet d'avancer plus sereinement dans la nouvelle manière de concevoir une station de ski, mais qui, selon les cas de figure, peut s'avérer compliqué à mettre en place.

L'aménagement est donc le premier paramètre à prendre en compte pour pouvoir ouvrir les pistes malgré le déficit de neige. L'autre critère essentiel est l'utilisation de la neige de culture. Là encore Christian Reverbel fut à l'avant-garde de tout ce qui se faisait à l'époque. Il a commencé à installer des enneigeurs en 1985. Il nous explique les raisons de ce choix : « *Un enneigeur, c'est comme un pulvérisateur de parfum, qui libère de fines gouttes d'eau froide dans de l'air froid. On emprunte à la nature en moyenne entre 300 000 à 500 000 m^3 d'eau pour l'ensemble de la saison. Il est important d'équiper tout ou partie de son domaine skiable, et prioritairement les pistes qui ramènent en bas de la station, celles pour les débutants, mais aussi pour permettre de recoller au niveau de la neige naturelle, c'est-à-dire enneiger les parties basses et ensuite faire le lien entre 1500 et 2000 m d'altitude, là où la neige naturelle manque de plus en plus. Les stations ont pris conscience aujourd'hui de l'importance d'investir dans des équipements de neige de culture ; ce qui n'était pas le cas à l'époque. Là encore les critiques ont été très nombreuses.* » Pourtant les enneigeurs sont devenus indispensables pour pallier le manque de neige. Samuel Morin, directeur du centre d'études de la neige à Grenoble à Météo-France et au CNRS précise l'évolution du manteau neigeux. « *Ce que l'on observe c'est une baisse de la durée de l'enneigement à l'échelle de l'année, pas seulement en hiver. S'il fait plus chaud en début ou à la fin de la saison, le manteau neigeux fondra plus vite. Il y a un raccourcissement de la saison, plus forte sur la fin qu'au début, y compris à haute altitude.* » La question qui se pose donc est la date où les stations de ski souhaitent ouvrir leur domaine skiable aux touristes. Depuis toujours la volonté est de démarrer la saison aux vacances de Noël, avec un pic d'activité attendu lors des vacances de février, et la clore aux vacances de Pâques. Car à l'arrivée de ces vacances de printemps, nombreuses sont les stations qui sont déjà fermées. La clientèle favorise en effet les départs vers les stations balnéaires à l'approche des beaux jours pour profiter de la douceur de cette période, alors que paradoxalement, c'est le moment où il y a le plus de neige. C'est pour cette raison que « *les stations sont beaucoup plus sensibles aux conditions d'enneigement au moment où elles veulent ouvrir, à Noël. Elles mettent tout en place pour cela alors que, depuis toujours, la neige n'a jamais été totalement garantie en novembre/décembre. Si on se projette entre les années 1960 et 1990, à part 2 années, l'enneigement était meilleur et suffisant donc les acteurs ont fini par conclure que c'était garanti et qu'il n'y avait pas de problème. Puis aux débuts des années 90 il y a* *eu 3 hivers sans neige qui se sont succédé, ce qui a marqué les esprits* », détaille Samuel Morin.

C'est à partir de cette époque, que les stations de ski commencent à utiliser la neige de culture pour remédier au déficit d'enneigement. « *Au début c'était seulement pour compenser quand il y avait un manque de neige et produire à la demande. Aujourd'hui, c'est intégré et devenu banal. Dès le mois de novembre, s'il fait suffisamment froid, les stations produisent de la neige afin d'élaborer une sous-couche permettant d'accumuler de la neige dès qu'elle tombe. C'est un peu comme l'irrigation pour les agriculteurs* », explique Samuel Morin. Une information que complète Christian Reverbel : « *La neige de culture a aussi une autre utilité, celle de pallier l'usure du manteau neigeux lorsque celui-ci a souffert du passage, chaque jour sur les mêmes zones, de centaines de skieurs. Il est donc nécessaire qu'un damage soit effectué chaque nuit. Mais au fil des jours, la couche de neige s'affaiblit et il faut donc en fabriquer à nouveau en cours de saison lors des périodes de grands froids, notamment avant l'afflux des touristes aux vacances de février et de Pâques.* » Malgré tout, le nombre de créneaux où il fait suffisamment froid pendant la durée nécessaire pour produire de la neige de culture se réduit. Une difficulté supplémentaire pour les stations. « *Nous avons fait, avec nos collègues d'Irstea*[6] *à Grenoble, une étude pour le compte du Conseil départemental de l'Isère, sur les projets d'équipement pour produire de la neige de culture dans le futur. On a montré que d'ici 2050, en tenant compte des changements climatiques, il y aurait de plus en plus de mauvaises saisons pour la neige naturelle. Aujourd'hui, cela arrive 1 année sur 5 en moyenne, demain, ce sera 1 année sur 2. En revanche, avec 40 % de pistes équipées de neige de culture, dont toutes les stations de ski seront dotées d'ici 3 ans, les conditions de neige des mauvaises années seront à peu près les mêmes avec la neige de culture en 2050 que les conditions de neige des mauvaises années aujourd'hui.* » Autrement dit, si les stations savent gérer le manque de neige maintenant, leur projet d'équipement en neige de culture leur permettra de limiter les dégâts pour les 30 prochaines années, ce qui dépendra également de l'altitude, de l'orientation des pentes, de la répartition du parc de remontées mécaniques et de la proportion du domaine skiable concerné.

6. Institut national de recherche en sciences et technologies pour l'environnement et l'agriculture.

Mais pour que les stations puissent utiliser les enneigeurs et créer de la neige de culture, il faut beaucoup d'eau. La question sur l'accès à cette ressource est centrale. « *L'eau, à mon avis, ne sera pas un problème* », répond Christian Reverbel, « *on a fait ce qu'il fallait pour emmagasiner l'eau dans des bassins de rétention. À l'époque, on mettait déjà en place des retenues collinaires qui peuvent aussi servir de réserves pour l'embellissement du paysage, le tourisme l'été, l'arrosage des pelouses, l'agriculture en montagne, voire même de réserve d'eau potable ou en cas d'incendies. Elles ont plusieurs utilisations.* » Il a d'ailleurs créé, en 2014, le plus haut lac artificiel d'Europe, ce qui a permis d'alimenter du début à la fin de la saison, la centaine d'enneigeurs de la piste de Sarenne, la plus longue piste noire d'Europe. Ces retenues collinaires sont aujourd'hui largement répandues comme nous le confirme Samuel Morin. « *Pour l'instant, les projets d'équipement en bassins de rétention semblent suffisants pour les productions de neige anticipées, du fait du réchauffement climatique en Isère, sauf cas particuliers problématiques évidemment.* » Car malgré ce que l'on peut croire, les précipitations ne se raréfient pas en montagne, elles auraient même plutôt tendance à progresser. « *Pendant l'hiver, on a plutôt un accroissement des précipitations avec plus de phénomènes intenses. On aurait finalement, avec les températures en hausse, plus de pluie que de neige, mais cela, paradoxalement, permet de remplir efficacement les retenues d'eau en cours d'hiver.* »

Les stations de ski ont donc encore de belles années devant elles si l'aménagement de leurs pistes s'effectue correctement en respectant la nature et l'environnement. Les retenues d'eau pourront servir dès que nécessaire pour produire de la neige de culture en quantité suffisante. Cependant, il reste une dernière condition indispensable pour qu'elles puissent miser sur l'avenir, c'est la dimension de leur domaine skiable. Oublier les domaines surdimensionnés et revenir à une taille plus humaine, voilà ce que préconise Christian Reverbel. « *Jusqu'à aujourd'hui, on a misé sur le gigantisme des stations de sport d'hiver et les clients se rendent compte que la qualité sur l'ensemble du domaine n'est pas forcément au rendez-vous. Le plan de charge d'une station de ski devient presque insupportable et la seule solution pour s'en sortir est d'augmenter le prix du forfait. Aujourd'hui, les petites et moyennes stations sont en train de reprendre un peu de place sur le marché de la neige, parce qu'elles ont des domaines bien aménagés, à taille humaine mais tout aussi charmants et moins coûteux. Demain, avec l'appauvrissement des chutes de neige et le coût important de la fabrication de la neige de culture, l'utilisation raisonnable et raisonnée de l'eau et la performance du damage seront les paramètres clés de la gestion de l'ensemble des stations. Il faut devenir pondéré, quitte à ne pas utiliser, certains hivers, 100 % du domaine skiable.* » Des propos que complète Jean-Michel Soubeyroux, directeur adjoint de la climatologie à Météo-France à propos des Pyrénées : « *La neige ne va pas disparaître du jour au lendemain mais la limite pluie/neige remonte progressivement et des épisodes de grande douceur se produisent maintenant au cœur de l'hiver et peuvent provoquer la fonte précoce du manteau neigeux. Dans le futur, il y aura encore des années bien enneigées mais la fréquence des mauvaises années va augmenter. Et il faudra aussi prendre en compte le facteur humain : comment évoluera l'attraction pour le ski avec un climat plus chaud ? Une même population de skieurs pourrait-elle se répartir non pas dans 30 mais 10 stations ouvertes ? Il y a donc un équilibre à trouver, entre un diagnostic climatique où la neige va diminuer et un diagnostic économique, sur la viabilité de l'activité.* »

Selon le rapport *Le changement climatique dans les Pyrénées : impacts, vulnérabilités et adaptation*, les conséquences négatives pour les stations de ski pourraient même provenir des touristes eux-mêmes. « *Entre 1960 et 2010, le nombre de jours par an avec une épaisseur de neige inférieure à 30 cm (accumulation suffisante pour pouvoir skier en toute normalité) a considérablement augmenté dans toutes les stations de ski et à toutes les altitudes. Les stations de basse altitude ont été plus impactées : de 5 % à 70 % pour celles de basse altitude et de 4 % à 20 % pour celles de moyenne altitude. La date de début de la saison de ski a peu à peu reculé avec des retards compris entre 5 et 55 jours pour les stations de basse altitude et entre 5 et 30 jours pour celles de moyenne altitude.* » Un coup dur supplémentaire.

Ces études nous permettent de prendre conscience que, s'il est clair qu'on ne connaîtra peut-être plus la grande époque des années 60, pour autant une mutation est en cours pour appliquer des solutions afin de s'adapter au réchauffement climatique. Les stations deviennent en quelque sorte des modèles d'adaptation pour les autres secteurs économiques. Pour mener à bien ces actions d'aménagement, les directeurs de pistes s'entourent d'équipes de pisteurs, des hommes passionnés par la montagne et qui mettent parfois leur vie en danger pour sauver celle des autres. Les stations de sports d'hiver doivent effectivement garantir la neige sur les pistes, mais également veiller à la sécurité des skieurs. Le plus grand danger est bien évidemment l'avalanche. Elle surprend, puissante, incontrôlable et violente, pourtant les pisteurs partent au-devant de ce phénomène pour notre sécurité.

Christian Reverbel nous explique : « *Une avalanche, c'est la mise en mouvement d'un matériau fragile, la neige, sur une surface inclinée, la montagne. La neige est vivante et se transforme dans le temps. Quand les flocons se déposent sur la surface, au début, ils sont stables car les conditions sont réunies. Ensuite, ils subissent des métamorphoses sous l'influence de nombreux paramètres – la température, l'humidité, le vent, etc. – qui vont impacter son niveau d'instabilité. À chaque nouvelle couche, les flocons vont se déposer sur l'ancienne. Soit ils se tassent et la stabilisent, soit au contraire ils la fragilisent, d'autant plus si, entre les deux couches de neige, il y a eu de la pluie ou du redoux. À l'image du mille-feuille se forme une croûte de glace. Si une nouvelle couche de neige vient s'ajouter par-dessus, celle-ci ne peut pas tenir et glisse. Dès qu'une nouvelle chute de neige se produit, c'est le rôle du pisteur de dire combien elle mesure, dans quelles conditions elle s'est formée, quelle est la qualité du flocon tombé, quelles sont les conditions dans lesquelles cette couche évolue. C'est un travail quasi quotidien. Le pisteur surveille, comme le lait sur le feu, la montagne et la neige.* »

Une fois qu'ils ont déterminé les critères d'instabilité du manteau neigeux, les pisteurs vont se débarrasser des couches fragiles qui menacent la sécurité des personnes. « *On crée des fractures via des explosions, avec de la dynamite ou un mélange de gaz. Il faut bien comprendre et anticiper la situation. Si on ne le fait pas correctement, au bon endroit et au bon moment, on risque de faire exploser de la dynamite pour rien, sans comprendre où se trouvent les points de fragilité, et de passer à côté de quelque chose de très important. Il faut être capable de comprendre comment évolue le domaine skiable et ses couches de neige. Le pisteur est avant tout un amoureux de la montagne et de la neige, un grand skieur qui peut se déplacer de jour comme de nuit, dans n'importe quelles conditions. Il faut qu'il soit capable d'aller partout en mettant au minimum sa vie en danger.* »

Christian Reverbel conclut ainsi : « *Les pisteurs sont là pour l'ensemble de la construction du domaine skiable, du début jusqu'à la fin, avec le balisage et la sécurité. Un domaine skiable se construit une fois par an, est surveillé et entretenu tout au long de l'hiver, puis déconstruit au printemps. C'est en réalité éphémère. Quand la saison est terminée, on enlève les panneaux, les balises, la nature reprend ses droits, les paysages réapparaissent tels qu'on les a connus en automne et on repart à zéro l'hiver suivant. La neige, qu'elle soit naturelle ou de culture, se met à fondre. Cette eau va alors remplacer les flocons et sera rendue à la nature, poursuivant ainsi son cycle. Nous empruntons l'eau seulement le temps d'un hiver, elle est ensuite restituée en intégralité lorsque celui-ci passe le relais au printemps.* »

Les stations de ski se battent aujourd'hui pour leur futur et trouvent des solutions qui semblent efficaces. Leur avenir paraît garanti jusqu'en 2050 au moins pour les stations de haute altitude, mais qu'en sera-t-il après ? Comment va évoluer ce manteau neigeux ? Le froid sera-t-il encore suffisant pour créer de la neige de culture ?

La neige face au réchauffement climatique

La neige, les glaciers, les stations de sports d'hiver, tout ce que nous évoque la montagne en hiver est en train inexorablement de changer, menacé par le réchauffement climatique. Les études sur les Alpes et les Pyrénées sont malheureusement critiques, et les autres massifs français de moyenne altitude devraient suivre la même trajectoire. Aurons-nous de la neige ces prochaines années ? Les générations futures verront-elles encore des glaciers ?

Samuel Morin, directeur du Centre d'études de la neige à Grenoble, à Météo-France et au CNRS, nous fait part du premier constat que l'on peut dresser dans les Alpes : « *Les longues séries de données dont on dispose en montagne concernent plutôt la quantité et l'épaisseur de la neige au sol. On observe une baisse de l'enneigement moyen depuis les années 60. En 30 années, de 1960 à 1990 par rapport à la période de 1990 à nos jours, nous sommes passés au col de Porte en Isère (1 325 m) de 110 à 70 cm d'épaisseur de neige en moyenne pendant l'hiver, une baisse de 35 % ! Les indicateurs sur le nombre de jours avec plus de 5 cm de neige, (minimum pour recouvrir le sol) sur ces deux périodes de 30 ans précisent que l'on a perdu 25 jours, en tenant compte malgré tout d'une grande variabilité annuelle et décennale.* »

Cette tendance significative se dégage car on a pu remonter suffisamment loin dans le temps. « *Si on avait commencé les mesures dans les années 90, on n'aurait pas pu obtenir ces données. Le recul doit être supérieur à 30 ans pour analyser avec fiabilité les tendances climatiques pour la neige* », précise-t-il.

Ce problème de recul historique des données se pose justement pour les Pyrénées. Les observations sont trop récentes pour obtenir des certitudes. « *La neige est un marqueur assez complexe du changement climatique car il est tributaire à la fois des précipitations et de la température. Il existe une variabilité très forte entre les années humides et sèches qui se succèdent, une combinaison dont dépend la neige. À haute altitude, de 1 500 m à 1 800 m, les tendances sont liées à l'évolution des précipitations tandis qu'à plus basse altitude, c'est l'effet de la température qui prédomine, car elle joue sur la limite pluie/neige moyenne en plus de la fonte printanière. Dans les Pyrénées, sur les 40 dernières années, on ne détecte pas de signal clair dans l'évolution de l'enneigement en hiver* », déclare Jean-Michel Soubeyroux, directeur adjoint de la climatologie à Météo-France, qui a travaillé spécifiquement sur ces études très récentes. « *Les équipes françaises et espagnoles travaillent ensemble pour déterminer un diagnostic commun sur ce qui se passe dans les Pyrénées. Mais les séries de neige dont on dispose ne remontent qu'aux années 80.* » Un recul d'une quarantaine d'années seulement, insuffisant pour étudier l'évolution de la neige. « *En 2012, des études statistiques révélaient un enneigement des Pyrénées en réelle baisse. Aujourd'hui, après trois très bons hivers, le signal s'est atténué. Il ne s'agit toutefois pas de climatologie, et on a donc recherché quelques séries remontant aux années 70 et là, effectivement, nous notons de nouveau une tendance significative à la baisse. Mais il nous faut donc un recul d'au moins 50 ans pour dégager des conclusions précises. Il nous reste encore beaucoup de travail pour confirmer ces résultats.* » Le rapport sur les projections climatiques des conditions météorologiques et de l'enneigement dans les Pyrénées au XXIe siècle précise également que les précipitations seront toujours aussi importantes mais qu'elles risquent de tomber sous forme de pluie plutôt que de neige à des altitudes toujours plus hautes.

Voilà où nous en sommes du passé, mais qu'en est-il de l'avenir ? Samuel Morin a travaillé sur ces questions. « *En dessous de 1 500 m d'altitude on a des projections à la baisse de l'enneigement naturel.*

D'ici 2050, en comparant avec l'enneigement du début du siècle, on s'attend à une baisse de 25 % de l'épaisseur du manteau neigeux, ce qui signifie que l'on a déjà perdu 35 % entre 1960 et aujourd'hui et qu'on s'attend à perdre 25 % supplémentaires d'ici à 2050. » Pour bien comprendre, il faut savoir que l'ensemble de nos émissions de gaz à effet de serre produites jusqu'à présent vont avoir des répercussions quels que soient les changements opérés jusqu'en 2050. Le processus est déjà en route. « *Même avec les politiques climatiques les plus vertueuses et compatibles avec les objectifs de l'accord de Paris, nous ne ferons que stabiliser les conditions de 2050. D'après toutes les études en cours, la baisse de l'enneigement est aujourd'hui irréversible, mais il y aura toujours une variabilité, avec de plus en plus d'hivers moins enneigés et de moins en moins d'hivers très enneigés. Ensuite, à partir de 2050 et jusqu'en 2100, selon les scénarios optimistes ou pessimistes, soit l'enneigement se stabilisera soit il s'aggravera avec une baisse de l'épaisseur de neige qui irait jusqu'à 80 % entre aujourd'hui et 2100. Nous aurons alors un scénario avec de nombreuses saisons sans neige et quelques-unes avec.* » Si nous reprenons l'exemple du Col de Porte en Isère, il passera d'une épaisseur actuelle moyenne de 70 cm à 10 cm à la fin du siècle. « *À cette altitude, on considère que nous perdrons 1 mois d'enneigement à chaque degré de réchauffement planétaire.* »

Nous pouvons espérer que la neige de culture comblera cet important déficit comme elle le fait aujourd'hui. Certes, mais dans une certaine limite de réchauffement, que Samuel Morin nous détaille : « *Pour un grand nombre de stations de ski, tant que l'on reste dans un réchauffement de 1,5 °C à 2 °C, la neige de culture pourra compenser la situation, sans l'améliorer pour autant, mais elles pourront s'en sortir. En revanche, dans les scénarios les plus pessimistes où l'on ne stabilise pas la température, cela ne suffira pas, puisque la température sera trop élevée pour la fabriquer et la baisse de l'enneigement sera trop forte pour que cela fonctionne de façon efficace. Seules les stations qui auront un enneigement suffisant pourront maintenir une activité comparable à aujourd'hui, c'est-à-dire celles situées à plus haute altitude.* »

Après ces constatations, nous pouvons nous demander quelle sera l'évolution des avalanches. Mais la relation de cause à effet n'est pas aussi évidente : « *C'est encore compliqué d'affirmer quoi que ce soit sur ce risque-là. Sous l'effet de la baisse moyenne de l'enneigement, on s'attend à ce qu'il y ait moins d'avalanches, surtout pour les couloirs à basse altitude. Cependant, même dans un contexte de réchauffement climatique, il peut toujours y avoir des épisodes de froid et d'importantes chutes de neige. On peut encore s'attendre à de fortes avalanches, certes moins nombreuses. On observe aussi un changement du caractère de ce phénomène depuis ces dernières décennies : moins d'avalanches de poudreuse, mais plus de neige humide qui, parfois, emprunte des chemins étonnants. Cela reste encore des signaux faibles* », conclut Samuel Morin.

Après la neige et les avalanches, vient la question des glaciers. Ce sont de très bons indicateurs du changement climatique. Leur fonte est totalement irréversible aujourd'hui. Christian Vincent, ingénieur de recherche à l'Institut des géosciences de l'environnement, dresse l'état des lieux de cette situation dramatique : « *Depuis les 30 dernières années, les glaciers de la Mer de Glace (1er plus grand glacier des Alpes françaises) et d'Argentière (le 2e) ont reculé de 770 m, le glacier des Bossons de 1 km. On observe une très forte réduction de la masse glaciaire. On a fait des simulations sur la Mer de Glace et le glacier d'Argentière : le glacier va totalement disparaître d'ici la fin du siècle, quant à la Mer de Glace, il n'en restera pas grand-chose…* » Un constat alarmant. Des simulations ont été faites sur trois autres glaciers des Alpes pour le futur. Les plus hauts vont mieux résister mais souffriront quand même. « *Le glacier de Saint-Sorlin culmine vers 3 460 m. Selon le scénario climatique moyen, il devrait disparaître vers 2080. On peut presque généraliser ce cas, tout en restant prudent, mais l'ensemble des glaciers dont le point culminant est en dessous de 3 500 m d'altitude, vont disparaître à cette période voire plus tôt si les conditions climatiques sont pires que le niveau modéré.* » Pour donner un pourcentage, 90 % des glaciers des Alpes vont fondre d'ici 2100. Un constat que fait aussi le rapport sur le changement climatique dans les Pyrénées. « *Entre 1984 et 2016, plus de la moitié des glaciers pyrénéens comptabilisés en 1984 ont disparu et ceux qui sont encore là ont vu leur masse et leur superficie diminuer considérablement sous l'effet d'un recul accéléré.* »

Des solutions sont envisagées pour freiner cette fonte comme nous le raconte Christian Reverbel, ex-directeur des pistes de l'Alpe d'Huez. « *Les Autrichiens bâchent les glaciers avec un matériau spécia-*

lement étudié mais je ne suis pas certain de l'effet. Personnellement, j'ai essayé de monter la neige de culture le plus haut possible pour tenter de protéger quelques morceaux de glace en altitude. C'est peut-être une solution pour faire office de couverture. Certaines stations le font aujourd'hui à la base des glaciers. Mais ce n'est pas suffisant, on se sent vraiment impuissant face à cela. C'est le combat de David contre Goliath. » L'été, les glaciers absorbent davantage le rayonnement solaire que la neige. Quand la neige est présente sur la glace, même sur quelques centimètres d'épaisseur, elle protège le glacier de la fonte. Quand la glace est directement exposée, la fonte est plus importante. Pour autant, la neige de culture peut-elle compenser cela ? Samuel Morin reste sceptique. « *La neige de culture ne peut pas assurer une telle protection car ce n'est pas vraiment de la neige. Ce sont des pulvérisations de gouttelettes d'eau qui congèlent dans l'air avant d'arriver au sol, c'est une sorte d'accumulation de billes de glace. La neige fraîche n'a pas les mêmes propriétés et structure que la neige de culture, mais c'est vrai qu'elle reste plus réfléchissante que la glace.* »

La neige deviendra donc une denrée précieuse au cours de ce siècle. À basse altitude, le réchauffement climatique a tendance à réduire la durée de l'enneigement et sa hauteur moyenne avec plus de pluie et moins de neige. À haute altitude, l'évolution de l'enneigement va encore dépendre pendant plusieurs décennies des précipitations. S'il fait suffisamment froid en plein hiver, ce qui restera souvent le cas au-dessus de 2000-3000 m d'altitude, les précipitations pourront apporter de bons cumuls de neige. En revanche pour les glaciers, plus sensibles aux chaleurs estivales, leur fonte semble irréversible et on s'attend à leur disparition progressive au fil des années. Parmi les glaciers suivis depuis longtemps et prochainement menacés : le glacier de Sarenne près de l'Alpe d'Huez, dont tout porte à croire qu'il disparaîtra au début des années 2020.

LE FROID, L'ENNEMI QU'ON NE SENT PAS VENIR

Lorsque la température chute brutalement, le corps humain est mis à rude épreuve et tente de se protéger face à cette agression extérieure. Mais cet ennemi de l'ombre, parfois, nous prend par surprise.

Comment se développent les vagues de froid ? Devons-nous craindre de vivre dans un hiver éternel comme l'annoncent certaines parutions scientifiques américaines ? Comment se protéger d'un froid à la limite du supportable ?

Partons à la rencontre de différentes personnalités, scientifique, météorologue, climatologue, explorateur. Ils vont nous révéler de nombreuses histoires sur le froid extrême.

Hiver 1954 : l'insurrection de la bonté

« *Mes amis, au secours... Une femme vient de mourir gelée, cette nuit à 3 h, sur le trottoir du boulevard Sébastopol, serrant sur elle le papier par lequel, avant-hier, on l'avait expulsée*[1]... » Des mots terribles, qui inondent les ondes, enveloppés par une voix qui restera à jamais gravée dans nos mémoires, celle de l'abbé Pierre, le 1er février 1954. Son célèbre appel à la radio sera nommé, des années plus tard, "l'insurrection de la bonté". Retour sur l'hiver 1954, au cours duquel naît une solidarité exceptionnelle.

Le contexte à cette époque est très particulier. Nous sommes dans les années qui suivent la fin de la Seconde Guerre mondiale. 29 % des Français n'ont ni eau courante ni électricité. Dans les quartiers, des bidonvilles se multiplient, la crise du logement est incisive. Dans son édition du 12 décembre 1953, un article du *Figaro*, écrit

1. Extrait de son célèbre appel à la radio.

par Gérard Marin, donne des chiffres saisissants : « *30 000 familles au moins habitent à Paris des immeubles déclarés en état de péril, 400 000 autres en France vivent dans des locaux insalubres, 500 000 personnes dans la Seine demeurent en hôtel ou en garni, enfin 22 % des citadins, soit environ 5 millions de Français, logent dans des conditions lamentables de surpeuplement ou de cohabitation.* » Les années d'après-guerre sont terribles pour les Français. Les bombardements ont détruit d'innombrables maisons et immeubles, poussant des millions de personnes à gagner les villes, et provoquant un exode rural important. Pour autant, même au cœur de la capitale, des milliers de logements sont insalubres ou en ruine. Ceux qui ont les moyens peuvent dormir dans des hôtels, ils sont des centaines de milliers dans ce cas, mais pour les autres… les solutions trouvées mettent leur vie en danger. Nombreux sont ceux qui dorment dans la rue avec leur famille. Ils sont surnommés les “couche-dehors” par la presse de l'époque et s'installent sur des grilles d'aération ou sous les ponts. D'autres tentent de mettre un toit au-dessus de leur tête. Près de Paris s'établissent des camps de roulottes ou de carcasses de voitures, avec des conditions de vie terribles, provoquant l'émoi de la population.

Le tournant arrive début janvier 1954. Une vague de froid accompagnée de neige plonge le nord de la France dans des conditions hivernales très difficiles pendant près d'une semaine. On relève -17,6 °C à Nancy, des températures que l'être humain ne peut en aucun cas supporter dans un contexte de mal-logement. Dans la nuit du 3 au 4 janvier, le petit Marc, alors âgé de 3 mois, décède dans les bras de sa mère qui vivait dans un car abandonné. La même nuit, les députés rejettent la proposition de loi qui aurait permis de prélever un milliard de francs, sur les 90 prévus pour la reconstruction, afin de développer des villages d'urgence permettant à tous ceux qui ne peuvent pas s'offrir un hôtel d'avoir un endroit où dormir au chaud et en toute sécurité. À la suite de ce drame et du rejet de l'amendement, l'abbé Pierre décide d'écrire une lettre ouverte à Maurice Lemaire, à l'époque ministre de la Reconstruction et du Logement, et qui sera publiée dans *Le Figaro* du 7 janvier, date de l'enterrement du petit Marc : « *Monsieur le Ministre, le petit bébé de la cité des Coquelicots, à Neuilly-Plaisance, mort de froid dans la nuit du 3 au 4 janvier, pendant le discours où vous refusiez les “cités d'urgence”, c'est à 14 h, jeudi 7 janvier, qu'on va l'enterrer. Pensez à lui. Ce serait bien si vous veniez parmi nous à cette heure-là. On n'est pas des gens méchants...* » et le ministre viendra. De ses yeux, il voit les conditions de vie de ces travailleurs pauvres, et est bouleversé par cette misère qu'il n'avait pas imaginée. Il s'engage à reconsidérer la question de ces logements d'urgence, une promesse qu'il tiendra...

Le temps semble entendre ces paroles et offre un répit aux Français, mais il sera de courte durée. Le froid revient, encore plus féroce que lors de la première vague. Un froid polaire qui sera plus intense entre fin janvier et début février. Les températures s'effondrent, on relève « *-25,4 °C à Luxeuil, -20,8 °C à Saint-Étienne, -16,0 °C à Bourges, -13,5 °C à Lyon, -12,9 °C à Paris, -11,9 °C à Toulouse, -10,1 °C à Rennes et -8,0 °C à Marseille* », écrit Météo-France. Malheureusement, le vent s'invite et donne un ressenti proche des -25 à -40 une situation intenable. Certains tentent de marcher toute la nuit pour ne pas mourir de froid, tous les abris sont pris d'assaut, les hôpitaux sont bondés, même les commissariats accueillent des dizaines de sans-abris. Mais ce n'est pas assez. Ils sont encore des centaines à souffrir de ce froid sibérien. Un drame arrive dans la nuit du 30 janvier ; une jeune femme décède, retrouvée dans un tas de chiffons, boulevard de Sébastopol, en plein cœur de Paris, un papier à la main... l'avis d'expulsion d'un huissier qui lui avait été remis deux jours plus tôt. Lorsque l'abbé Pierre le découvre, il en parle à son ami, le journaliste Georges Verpraet, qui va lui donner une idée : lancer un appel de solidarité à la radio. Tous deux prennent contact avec le rédacteur en chef du « Journal parlé » de la RTF qui lira ce texte. Ils demandent ensuite à Radio-Luxembourg mais, cette fois, c'est l'abbé Pierre qui prendra le micro. Des paroles poignantes qui vont toucher le cœur des Français :

« *Mes amis, au secours... Une femme vient de mourir gelée, cette nuit à 3 h, sur le trottoir du boulevard Sébastopol, serrant sur elle le papier par lequel, avant-hier, on l'avait expulsée... Chaque nuit, ils sont plus de deux mille recroquevillés sous le gel, sans toit, sans pain, plus d'un presque nu. Devant l'horreur, les cités d'urgence, ce n'est même plus assez urgent !*

Écoutez-moi : en trois heures, deux premiers centres de dépannage viennent de se créer : l'un sous la tente au pied du Panthéon, rue de la Montagne Sainte-Geneviève ; l'autre à Courbevoie. Ils regorgent déjà, il faut en ouvrir partout. Il faut que ce soir même, dans toutes les villes de France, dans chaque quartier de Paris, des pancartes s'accrochent sous une lumière dans la nuit, à la porte de lieux où il y ait couvertures, paille, soupe, et où l'on lise sous ce titre "centre fraternel de dépannage", ces simples mots : "Toi qui souffres, qui que tu sois, entre, dors, mange, reprends espoir, ici on t'aime."

La météo annonce un mois de gelées terribles. Tant que dure l'hiver, que ces centres subsistent. Devant leurs frères mourant de misère, une seule opinion doit exister entre hommes : la volonté de rendre impossible que cela dure. Je vous prie, aimons-nous assez tout de suite pour faire cela. Que tant de douleur nous ait rendu cette chose merveilleuse : l'âme commune de la France. Merci ! Chacun de nous peut venir en aide aux "sans-abris". Il nous faut pour ce soir, et au plus tard pour demain : cinq mille couvertures, trois cents grandes tentes américaines, deux cents poêles catalytiques. Déposez-les vite à l'hôtel Rochester, 92, rue de la Boétie. Rendez-vous des volontaires et des camions pour le ramassage, ce soir à 23 h, devant la tente de la montagne Sainte-Geneviève. Grâce à vous, aucun homme, aucun gosse ne couchera ce soir sur l'asphalte ou sur les quais de Paris. Merci[2] *!* »

Il sera entendu et bien au-delà de tout ce qu'il avait pu imaginer. Une mobilisation sans précédent. À peine quelques minutes après son appel, des centaines de personnes se présentent à l'hôtel Rochester, certains y déposent des couvertures, d'autres des produits de première nécessité, certaines femmes riches viendront donner des bijoux et des fourrures, le standard téléphonique de l'hôtel sonne sans discontinuité. Fort de cet élan, l'abbé Pierre demande l'ouverture de stations de métro désaffectées pour les mettre à la disposition des sans-abris. Le soir même, une quarantaine de centres s'ouvrent en région parisienne et plus de 2 000 personnes sont hébergées. Cette nuit marquera un tournant et *France-Soir* titrera le lendemain matin : « *Personne n'a couché dehors à Paris la nuit dernière.* »

Les jours suivants, nombreux sont ceux qui lancent des actions pour tenter de récolter un maximum d'argent. Les dons arrivent du monde entier. Rapidement l'hôtel Rochester ne peut plus stocker tout ce qu'on y apporte. « *Les jours qui ont suivi restent ancrés dans ma mémoire. Ça n'arrêtait pas d'entrer et sortir, des centaines et des*

2. Texte tiré du site de la Fondation Abbé Pierre : <www.fondation-abbe-pierre.fr>

centaines de billets étaient déposés dans les corbeilles... Le soir, à trois ou quatre, on les montait à l'étage et on les vidait dans les baignoires des chambres vides. On en a rempli cinq... Je dormais sur place, sans aucun système de sécurité, sans la moindre peur... », raconte Daniel Atlan, groom à l'hôtel Rochester à l'époque.

La gare d'Orsay est réquisitionnée pour accueillir les tonnes de vêtements et produits alimentaires, avec un message sur la façade: « *Gare de l'espoir, Paris vous aide.* » Des personnalités célèbres feront des donations exceptionnelles: Charles Trénet achète un portrait de l'abbé Pierre à plus d'1 750 000 francs, Michel Simon déposera une enveloppe, contenant 1 million. En l'espace d'une semaine seulement, l'abbé Pierre récolte près de 500 millions de francs, l'équivalent de 8 millions d'euros aujourd'hui. Grâce à cette somme d'argent considérable, des hébergements d'urgence seront construits, pari gagné !

Le 4 février, les parlementaires vont plier et voteront l'amendement à l'unanimité, ce qui permet d'affecter 10 milliards de francs, soit l'équivalent de 150 millions d'euros, pour construire 12 000 "cités d'urgence". Le premier chantier verra le jour au mois de mai de la même année dans la ville de Plessis-Trévise et portera le nom de la "cité de la Joie".

Cet hiver 1954 changera à jamais le visage de la France, marqué au fer rouge par ces mots: « *On m'a dit que c'est une insurrection, un soulèvement de bonté. Je pense que cela a été un soulèvement aussi d'intelligence et de confiance* », dira l'abbé Pierre. Le premier centre Emmaüs verra le jour quelques semaines plus tard. Une histoire qui a démarré lors d'une terrible vague de froid et qui continue encore aujourd'hui.

Qu'est-ce que le froid ?

Si la température peut varier d'une année à l'autre, certains hivers étant plus rigoureux, en moyenne lors de cette période elle avoisine les 5,4 °C[3] sur l'ensemble de l'hexagone. Pendant ces 3 mois

3. Selon Météo-France.

peuvent survenir des vagues de froid, des épisodes longs, intenses et qui concernent de nombreuses régions. Pour avoir cette qualification, ce type d'épisode doit durer au moins deux jours avec des températures nettement en dessous des normales de saison, qui diffèrent selon chaque département. Elles surviennent rarement seules et sont souvent accompagnées de neige, de verglas, de brouillards givrants, autant de phénomènes qui peuvent nous mettre en danger au quotidien, et surviennent pour la grande majorité aux mois de janvier et février. Certaines années, ces coulées froides peuvent nous surprendre tôt dans la saison, dès novembre, ou peuvent se finir tard, comme nous l'avons déjà connu, en mars.

Le saviez-vous ?
Le froid à Mouthe

Le village de Mouthe dans le Jura est surnommé la petite Sibérie française, car c'est le plus froid de France. Il gèle 176 jours par an, presque la moitié de l'année. Plus impressionnant encore, 6 années sur 7, les températures minimales passent en dessous des -20 °C.

Ces vagues de froid nécessitent des conditions propices à leur formation, et trois scénarios météorologiques se dessinent en majorité.

Cas n° 1 : le froid polaire

Pour qu'il arrive jusqu'en France, il lui faut un couloir très précis. Imaginez un anticyclone vers l'Islande, dont les vents s'enroulent dans le sens des aiguilles d'une montre, et une dépression en Scandinavie, dont les vents s'enroulent dans le sens inverse. Les deux vont alors apporter chacun de leur côté un air glacial venu du pôle Nord et, ensemble, ils vont créer une route propice pour propager en France un flux de nord. Dans ce contexte, cela dure à peine quelques jours et provoque un temps instable et relativement froid.

Cas n° 2 : le Moscou-Paris

Il est plus rare que le précédent, en revanche il est plus violent. Comme son surnom l'indique, ce vent d'est à nord-est vient directement de Russie et particulièrement de Sibérie où les températures peuvent chuter jusqu'à -68 °C, généralement par le biais d'un immense anticyclone entre l'Europe de l'Ouest et la Russie. Ce corridor véhicule sur plusieurs centaines de kilomètres cet air très froid et sec, qui peut rester bloqué parfois pendant plus de 10 jours. Ce qui le rend difficile à supporter, c'est la fameuse "bise", un vent qui aggrave la sensation de froidure.

> **LE SAVIEZ-VOUS ?**
> ***La température ressentie***
>
> *La norme pour calculer la température de l'air est une valeur sous abri, mesurée grâce à un thermomètre placé à 1,5 m du sol. Mais en tant qu'être humain notre perception est différente lorsque le vent se lève. Le froid semble plus vif, c'est le refroidissement éolien. Pour quantifier cette sensation, les scientifiques calculent alors la température ressentie selon la température de l'air et la vitesse du vent.*

Cas n° 3 : le blocage scandinave

Parfois, un anticyclone se forme en Scandinavie – ce qui permet au nord de l'Europe de profiter d'un temps calme – et qui, lui aussi, pilote cette bise qui apporte du froid sur la France. En revanche, lorsqu'il reste bloqué dans cette zone, cela signifie que les dépressions ont une trajectoire toute trouvée plus au sud. Ces dernières apportent un temps humide et perturbé. Avec ces deux systèmes en synergie, la neige tombe en abondance. Sur les sols gelés, lorsque le ciel se dégage, les températures peuvent atteindre des valeurs particulièrement basses, ce que l'on appelle le rayonnement nocturne. Lorsque le ciel est bien dégagé pendant la nuit, le sol cède sa chaleur à l'atmosphère (partant très haut, très loin…), à l'image de la vapeur d'eau qui s'échappe lorsque vous soulevez le couvercle d'une casserole, entraînant une forte chute des températures. En revanche, si le ciel est très nuageux, la chaleur se heurte aux nuages et reflue donc vers le sol, à l'image du couvercle que vous mettez sur la casserole pour conserver la chaleur à l'intérieur.

Ces vagues de froid sont parfois non seulement intenses mais aussi exceptionnelles, voire extraordinaires au sens strict du terme. Je vous propose de revenir sur l'incroyable histoire de la bombe cyclonique Grayson qui a figé les États-Unis dans la glace pendant quelques jours.

Grayson, la bombe cyclonique de la côte est

Saviez-vous que les cyclones peuvent se développer en hiver dans l'Atlantique ? Mais il s'agit d'un type particulier, qui prend d'ailleurs le nom de "bombe cyclonique" ou de "bombe météo". Il est surtout connu en Amérique du Nord et génère des conditions météorologiques absolument redoutables. Vues depuis la France, les images que nous en avons sont spectaculaires : une partie des chutes du Niagara gelée, l'eau des fontaines glacée tenant en suspension, des torrents d'eau qui cristallisent dans les rues de grandes villes. En revanche pour ceux qui le vivent, c'est une tout autre histoire. Intéressons-nous de plus près à la bombe cyclonique Grayson qui a attaqué le nord-est des États-Unis en janvier 2018. Un événement exceptionnel, même pour des régions habituées à des situations compliquées.

Nous sommes le 3 janvier 2018, une tempête est en train de se former au large de la Floride. Quelques jours avant son arrivée, les spécialistes évoquent déjà la possibilité qu'elle se transforme en bombe cyclonique. Pour cela, il faut que la pression atmosphérique à l'intérieur de la dépression chute de façon brutale et rapide, précisément de 24 hectopascals (hPa) en moins de 24 heures, ce qui est également une caractéristique de la formation des cyclones, d'où son surnom. Pour rappel, la moyenne de la pression atmosphérique est de 1 013,25 hPa. Une dépression, c'est une zone de basse pression, c'est-à-dire en dessous de cette valeur moyenne. Plus elle est basse, plus la dépression est puissante (cependant il est arrivé qu'une dépression puisse avoir une pression de 1 020 hPa, car d'autres paramètres rentrent en compte : la météo est une science complexe !). Voici donc une base pour comprendre ce qui se passe avec Grayson. Lorsqu'on évoque le creusement d'une dépression, cela signifie que sa pression moyenne chute, mais en général sur la durée. Dans notre cas de figure, elle peut passer de 1 010 à 980 hPa en seulement 24 heures, une chute trop brutale qui provoquerait de grands dérèglements. Et selon les prévisions des météorologues, cette dépression devait chuter non pas de 24 hPa (le minimum pour une bombe cyclonique) mais de 44 hPa en moins de 24 heures… d'où leur crainte immense de voir arriver ce monstre sur la côte est des États-Unis. Le National Weather Service américain[4] prévoyait une chute totale à 950 hPa, une valeur propre aux cyclones de catégorie 3. Elle devait se creuser en longeant la côte est, et devait prendre de la puissance au fur et à mesure de sa progression. Du jamais vu dans cette région. La bombe cyclonique Grayson est en route pour entrer dans l'Histoire.

Mais comment expliquer un tel crescendo de puissance dans cette zone ? Nous savons que le cyclone possède un carburant, l'eau surchauffée mais un tel facteur n'existe pas à cette période de l'année dans cette région. Il faut aller chercher la solution autour de deux notions scientifiques un peu barbare : le vortex polaire et le Gulf Stream.

Le vortex polaire, c'est un vaste tourbillon d'air froid situé au pôle Nord. Il est généralement piégé, enfermé par le fameux "courant-jet", cette bande de vent très rapide présente en altitude et qui sépare l'air chaud de l'air froid. Parfois, ce bandeau tourne de moins en moins vite. Au lieu de ressembler à un ovale bien construit qui tourne autour de la Terre, il se met à onduler, comme s'il se ramollissait. La conséquence directe est que l'air frais présent au pôle plonge sur certaines régions situées dans l'hémisphère nord. « *Ce terme de vortex polaire est souvent employé à tort ces dernières années. Il faut remonter à 1853 pour que les scientifiques le nomment ainsi* », précise Jay Trobec, chef météorologue et journaliste météo pour la chaîne de télévision américaine Kelo-TV. « *Il a été largement connu du grand public lorsqu'il a été utilisé dans un article de journal au moment d'une poussée d'air froid dans l'est des États-Unis en 2014. Les journalistes de presse semblaient apprécier ce nom qui a une résonance effrayante. Maintenant presque toutes les poussées d'air froid dans le nord des États-Unis sont appelées – à tort – "vortex polaire"!* » Il explique alors les deux significations validées par la communauté scientifique spécialisée dans l'atmosphère : « *Ceux*

4. Le service météorologique des États-Unis, l'équivalent de Météo-France.

qui étudient la haute atmosphère reconnaissent le vortex polaire stratosphérique comme un système de pression semi-permanent qui entoure le pôle Nord, séparant l'air extrêmement froid situé près du pôle de l'air plus chaud des latitudes moyennes. D'autres scientifiques considèrent que le vortex polaire se situe dans les basses altitudes (la troposphère), où il ondule et provoque des creux d'air froid qui pénètrent parfois dans le nord des États-Unis. Cette seconde théorie au sujet du vortex polaire (le vortex polaire troposphérique) est de plus en plus utilisée ces dernières années et explique pourquoi chaque épisode d'air froid s'appelle désormais vortex polaire. » Dans tous les cas, ce sont les ondes du vortex qui permettent à l'air froid de pénétrer aux États-Unis et de provoquer des périodes très froides. Les scientifiques débattent aujourd'hui pour savoir s'il est situé dans la stratosphère, couche de l'atmosphère située entre 10 et 50 km au-dessus de nous, ou s'il se situe dans la troposphère, zone qui se situe entre le sol et la stratosphère.

Ces dernières années, l'Amérique du Nord est régulièrement secouée par ce phénomène. Voici donc notre anomalie froide en altitude, mais qu'en est-il au sol ? Il faut chercher la réponse au niveau du Gulf Stream. Le climat est une machine complexe qui fonctionne en grande partie grâce à un moteur : l'atmosphère et un régulateur, l'océan. Ce moteur possède un thermostat qui régule l'ensemble : le Gulf Stream, qui régit les courants marins en distribuant l'eau chaude de l'équateur vers le nord et l'eau glacée de l'Atlantique nord vers le sud. Il est situé aux portes de l'Amérique du Nord : de fait, il existe à cet endroit une concentration d'eau douce et donc un réservoir de chaleur.

Le saviez-vous ?
Le cryoséisme

À l'heure où j'écris ces lignes, une vague de froid sans précédent frappe le nord-est des États-Unis, battant Grayson à une année d'écart. Nous sommes le 30 janvier 2019. Là encore le vortex polaire est descendu sur ces régions avec une température sous abri de -30 °C et un ressenti proche des -50 à cause du vent, ce qui n'est pas arrivé depuis 25 ans. À Chicago, le gel a été tellement rapide que l'eau du lac a gelé sur une grande profondeur, créant des cryoséismes ou tremblements de glace.

Voici le moteur de notre bombe cyclonique, la différence entre l'air très froid, causé par la coulée du vortex polaire, et les eaux plus chaudes de l'océan au niveau du Gulf Stream. Le contraste est tel que notre dépression se creuse à la vitesse de l'éclair pour donner vie à la tempête Grayson.

Le jeudi 4 janvier 2018 cette bombe touche terre, les prévisions se confirment. Des vents compris entre 110 et 140 km/h balayent les États. Plus de 8 millions d'Américains sont alors concernés par une alerte aux blizzards – il tombe même jusqu'à 5 cm de neige par heure à New-York, des valeurs remarquables –, mais Grayson ne s'est pas arrêtée aux vents et à la neige. Elle a aussi apporté une vague de froid indescriptible, qui a duré plusieurs jours. On a relevé des valeurs proches des -30 °C en moyenne dans les zones attaquées, et parfois jusqu'à -40 °C notamment sur le mont Washington. Autre fait marquant, la région de Boston a été ensevelie par des inondations historiques mais le plus surprenant est que ces eaux se sont mises à geler dès leur arrivée dans les rues de la ville. Les images ont fleuri sur les réseaux sociaux, montrant des voitures piégées par cette eau glacée sur une hauteur très élevée. La tempête ayant traversé cette région au moment de la marée haute, de violentes bourrasques ont également rehaussé le niveau de la mer, provoquant des inondations à peine croyables. Le nord-est des États-Unis n'a pas été le seul à être atteint : figurez-vous que la Floride a vu aussi des flocons de neige, une première en 30 ans !

Grayson aura été un événement dont les Américains se souviendront longtemps. Les images spectaculaires de ce phénomène ont envahi tous les quotidiens, les journaux d'informations ainsi qu'internet. Des vagues de froid impressionnantes ne sont pas visibles uniquement aux États-Unis. La France a également vécu des moments pénibles, notamment en février 2012.

Février 2012, le grand froid en France

Les images sont tout simplement époustouflantes et nous rappellent les vagues de froid les plus impressionnantes des États-Unis. Des voitures recouvertes de glace, des fleuves prenant des allures de banquise, des cascades totalement immobilisées, ou encore des quartiers enveloppés par un tissu de glace. Du 1er au 13 février 2012, la France connaît un épisode de froid tout à fait exceptionnel, qui a touché l'ensemble de l'hexagone. Ce fut l'hiver le plus froid et le plus intense du XXIe siècle.

Tout commence par un vaste anticyclone qui se positionne entre les pays nordiques et la Russie, s'étendant petit à petit vers l'Europe de l'Ouest. Cette position de notre système de haute pression va alors diriger sur la France une masse d'air extrêmement froid en provenance directe de Sibérie. L'effet est immédiat, les températures se mettent tout d'abord à chuter jusqu'à -10 °C dans les régions septentrionales, puis survient aussitôt une période de blocage, avec un froid de plus en plus mordant et vif, à cause du rayonnement nocturne d'une part, et de la neige qui va accentuer ce phénomène d'autre part.

Le saviez-vous ?
Le rayonnement nocturne et la neige

La neige est un incroyable isolant. Elle n'absorbe pas la chaleur des rayons du soleil pendant la journée, contrairement à un sol normal. Elle est donc plus froide qu'une surface classique qui aura tiédi pendant la journée. En partant de ce constat, lorsque que l'air va entrer en contact avec cette base froide, il va se refroidir plus rapidement, accentuant l'effet du rayonnement nocturne (voir définition page 111, dans le cas n° 3 : le blocage scandinave).

Ce phénomène fait descendre les températures jusqu'à -10 °C à -14 °C pendant près de 8 jours, cette chute étant par endroits encore plus vertigineuse, battant même des records : Météo-France relève -18 °C à Vichy, -21,5 °C à Pontarion (du jamais vu depuis 1986). Il s'agit ici des températures minimales, les plus froides de la journée relevées tôt le matin, mais les maximales ont été tout aussi surprenantes, comme, le 4 février, -6 °C à Besançon ou Dijon au meilleur de la journée ! Ce sont des données prises sous abri qui cachent donc une autre réalité, le vent. Parfois très soutenu, il aggrave considérablement la sensation de froid, et l'on parle alors de "températures ressenties", proches des

-25 voire -30[5]. Un épisode rare qui est entré d'emblée dans le "top 5" des vagues de froid les plus sévères en France depuis 1947. Ce mois de février 2012 aura connu un déficit de -3,9 °C par rapport à la moyenne mensuelle. Pendant cette période, Météo-France déclenche des vigilances pour la neige et le froid dans un nombre important de départements. En moyenne sur l'ensemble de cette période, 52 départements ont été placés en orange avec un pic rare étendu à 75 départements (sur 96 en France Métropolitaine)[6] le matin du 4 février.

Le saviez-vous ?
Le calcul de la température ressentie

Lorsque l'on parle de température ressentie, il s'agit d'un indice calculé selon la température de l'air et la vitesse du vent. C'est pour cela que l'on ne peut pas donner sa valeur en degrés Celsius (°C).

Tous les journaux évoquent cette vague de froid hors norme qui a eu des répercussions difficiles sur la vie des Français. Nombreux sont ceux qui ne peuvent utiliser leur voiture car le carburant gèle dans les réservoirs. Dans le domaine du bâtiment, des chantiers s'arrêtent. En dessous de -10 °C, le froid devient dangereux et peut même être mortel si l'on reste trop longtemps à l'extérieur. Le constat est terrible également pour les agriculteurs. L'eau gèle dans les abreuvoirs, les maraîchers voient leurs cultures congeler et mourir sous leurs yeux. Ce sont 600 000 hectares de blé, de colza et d'orge qui sont détruits. La technique ancestrale du brasero au pied des vignes ne peut rien faire contre des températures sibériennes.

Si nous évoquons souvent le problème de la qualité de l'air lors des périodes de canicule, on y pense moins en cas de grand froid. Et pourtant, plus le froid est sévère plus le chauffage et les cheminées fonctionnent à plein régime, générant un surplus de rejets dans

5. Cf. Le saviez-vous ? *La température ressentie*, p 111.
6. Selon les cartes de vigilance hébergées sur le site infoclimat.fr dans la section HistorIC.

l'atmosphère. Rappelez-vous ce qui a conduit à ce froid extrême : un anticyclone bloqué de l'Europe vers la Russie qui non seulement apporte un air glacial mais agit aussi comme un couvercle, en bloquant les particules de pollution dans l'atmosphère.

Plus les jours passent, plus la situation devient inquiétante. Dans certaines villes, comme à Ambert dans le Puy-de-Dôme, le thermomètre ne repassera pas au-dessus de 0 °C pendant près de 13 jours. Les paysages se transforment, semblables à ceux de la Laponie ou du moins ce que l'on en imagine. Le gel recouvre certains quartiers d'une grande épaisseur de glace, donnant un ensemble aussi sublime qu'inquiétant. Tout semble se figer. Le temps est suspendu.

Cet épisode ne concerne pas seulement la France, toute l'Europe est affectée par cette vague de froid. En Sibérie, on relève -50 °C, dans le sud-est de la Pologne jusqu'à -35 °C. Les conséquences sont dramatiques. En Serbie et au Monténégro, plus de 100 000 personnes sont bloquées dans leurs villages isolés, à cause de chutes de neige abondantes, beaucoup d'autres sont retrouvées mortes d'hypothermie en Bulgarie, en Slovaquie ou encore en République Tchèque. Le bilan humain est terrible, plus de 600 personnes vont périr, dont la majorité dans l'est de l'Europe.

Il faudra attendre le 13 février 2012 pour que les températures commencent à se radoucir mais ce ne sera que plusieurs jours après cet événement que chacun retrouvera des conditions de vie normale, car cette vague de froid historique va laisser bon nombre de stigmates.

Nombreuses sont les personnes qui subissent ce froid extrême. D'autres en revanche vont à sa rencontre pour vivre des aventures inoubliables. Leur expérience est source d'apprentissage pour ceux qui écoutent leur récit.

L'homme face au froid extrême

De nombreux aventuriers ont parcouru les régions les plus extrêmes du monde. Jean-Louis Étienne, le grand explorateur des pôles, connaît les terres glacées comme peu d'entre nous. Il a réalisé d'innombrables expéditions – à skis, en traîneau avec des chiens, en ballon, en bateau –

dans ces contrées les plus reculées du globe. L'expérience qui a marqué son existence est son 1er périple au cœur de l'Arctique, seul, à skis, tirant derrière lui un traîneau de 100 kg. Le 6 mars 1986, à Ward Hunt Island dans l'extrême nord du Canada, il se lance dans une des plus grandes aventures de sa vie. En 63 jours de marche, il va parcourir plus de 1 000 km sur une banquise qui ne lui fera aucun cadeau. Il a accepté de revenir sur cette traversée incroyable et de nous expliquer comment l'homme peut résister au froid extrême.

L'histoire, pour ce féru d'aventures, commence au début du mois de mars, sur cet océan gelé de l'Arctique, que l'on nomme banquise. « *Il y a un courant de dérive transpolaire qui part du détroit de Béring en direction du pôle, pour ensuite venir s'écraser au nord du Canada et du Groenland. Je luttais contre cette dérive, dans un chaos de glace monumentale. Cela ressemble à d'énormes plaques tectoniques gelées qui m'empêchaient de voir l'horizon. Sans cesse des obstacles survenaient, parfois tous les 10 mètres, rendant les 200 premiers kilomètres du parcours très difficiles. Lors du départ, on doit faire face aux températures les plus basses. Partir au mois de mars me permettait d'avoir un peu de lumière et je devais arriver au plus tard le 15 mai. Un petit avion devait venir me chercher et il ne pouvait plus se poser au-delà de cette date à cause de l'eau qui allait être trop présente dans le secteur. C'est donc un parcours contre la montre avec des températures glaciales. Le plus froid que j'ai eu sous ma tente c'est -52 °C.* »

Une température qui nous semble impossible à supporter. Un froid pénétrant qui peut s'avérer fatal. Pour Jean-Louis Étienne, la meilleure façon de se préparer à subir un tel assaut du froid se passe avant tout dans la tête. « *Une aventure telle que celle-ci, c'est 70 % de mental. La banquise est très abîmée, on progresse lentement. Je dois faire basculer le traîneau par-dessus des murs de glace pour avancer. Quand on doit tirer un traîneau, on ne sent pas le froid même à -45 °C, mais cela se complique au moment où l'on s'arrête pour monter la tente. Une fois qu'on est à l'intérieur, on se sent mieux parce qu'on est à l'abri du vent. Cependant, la température était très basse et je devais rapidement me glisser dans un sac de couchage et me préparer à manger, je ne pouvais rien faire d'autre.* » Les rafales, qui surviennent à tout moment, sont effectivement l'une des principales difficultés lors de ce périple, accentuant la sensation de froid. « *Le vent n'abaisse pas la température mais accélère le refroidissement, vous avez une perception du froid plus aiguë. N'oublions pas que nous sommes des corps chauds.*

Pour comprendre cette notion, imaginez que vous mettez au congélateur un morceau de polystyrène et un autre de fer. Après quelques minutes, si vous prenez le fragment de fer, il va vous paraître très froid parce qu'il est conducteur, il va aspirer vos calories et accélérer le refroidissement de vos doigts. L'échantillon de polystyrène, au contraire, aura la même température donc vous pourrez le tenir sans aucune difficulté. Le vent, c'est le fer, il va donc aggraver notre sensation du froid. »

Dans de telles conditions, le froid est prenant, vif. « *On ne peut pas s'habituer à de telles températures ! La seule chose à envisager, pour tenter de mieux les supporter, est de réaliser une désensibilisation au froid, par exemple en prenant des douches froides. Quand vous mettez les mains sous l'eau froide, cela reste acceptable. Si vous faites couler cette même eau sur votre dos, là en revanche, cela vous semble très froid. Cette différence est due aux corpuscules thermiques présents à chaque millimètre carré de notre peau. Ce sont en quelque sorte des capteurs qui indiquent la température. Les mains et le visage sont habitués à des variations de températures constantes alors que le reste du corps ne l'est pas, étant couvert la plupart du temps.* » Pour autant, la douche fraîche ne vous permet pas de vous acclimater mais seulement de supporter davantage une température froide. Le corps détient également ses propres mécanismes pour tenter de supporter un niveau de mercure extrêmement bas. « *J'ai passé 2 mois entre -52 °C au début et -18 °C à l'arrivée. La température de mon corps à la fin du voyage avait atteint les 35,5 °C pourtant, je n'ai rien fait de particulier. C'est l'adaptation du corps qui, au lieu de demander sans arrêt de la nourriture pour rester à 37 °C, a naturellement baissé le thermostat à 35,5 °C pour être plus économe. C'est une acclimatation de type hypothermique. C'est quelque chose qui se produit sur la durée.* » Malgré cette adaptation progressive, les nuits dans la tente restent très pénibles « *Malgré toutes les couches que je rajoutais par-dessus mon sac de couchage, j'avais froid, ce qui me réveillait perpétuellement pendant la nuit. En réalité, j'entrais petit à petit en hypothermie. Systématiquement, je me récitais les tables de multiplication pour savoir si j'avais un niveau de conscience encore suffisant. Il faut savoir qu'on ne meurt pas de froid tout de suite, cela arrive au bout de la lutte quand vos réserves sont épuisées, et vous tombez peu à peu dans un coma hypothermique. Il faut donc se questionner constamment sur son état, si on maîtrise nos pensées, d'où ces petits calculs qui me permettaient de m'interroger sur mon état de conscience. Cela s'est produit au tout début, sur les quinze premiers jours, ce moment où les températures étaient les plus glaciales. Ensuite, elles ont remonté et j'étais assez équipé pour supporter des -30 °C.* »

Jean-Louis Étienne a également séjourné plusieurs jours à McGill University au Canada pour s'initier à d'autres techniques, afin d'apprendre à réguler la température des membres, ce qui s'appelle la thérapie comportementaliste. « *Le principe est de parvenir sous imagerie, par concentration, à faire monter la température de vos doigts par exemple. Vous vous trouvez dans une salle avec des thermomètres au bout des doigts, et vous avez une imagerie personnelle qui vous donne une sensation de chaud; vous arrivez alors à maîtriser la circulation du sang dans les extrémités. Si vous emmenez tout votre sang à ces endroits, ils vont devenir plus chauds. J'ai fait cet apprentissage pendant 8 jours, et j'ai réussi à augmenter la température donc à maîtriser le flux. La dernière journée, je me suis placé dans un congélateur de l'université, sans gants, avec des thermomètres au bout des doigts. Par conséquent, à -18 °C les doigts se sont refroidis, la circulation à la périphérie s'étant restreinte. Depuis l'extérieur, le professeur m'encourageait à reprendre le contrôle. J'ai donc refait l'exercice en envoyant du sang dans mes extrémités, et j'ai alors vu ma température remonter rapidement. C'est la preuve que nous avons une maîtrise sur notre système nerveux autonome. Cette technique peut aider des personnes dans des situations précises, mais je ne pouvais pas l'utiliser au pôle Nord, car sinon j'allais refroidir le reste de mon corps beaucoup trop vite.* »

Pour Jean-Louis Étienne, le froid et le vent ne sont pas les deux seuls éléments difficiles à supporter lors de ce voyage. Une autre facette plus méconnue est la solitude, à une époque où les moyens de communication actuels n'existaient pas. « *En 1986, il n'y avait ni GPS ni téléphone portable, c'était une réelle aventure avec un fort isolement. La seule chose que j'avais c'était une balise Argos, un appareil qui émet un signal capté par satellite et renvoyé en France. L'équipe qui vous suit connaît votre position mais pas vous. Tous les soirs, je montais ma tente et j'allumais cette balise pendant 1 heure, pour ne pas trop consommer de batterie. C'est seulement le lendemain que l'on me donnait ma position par radio HF qui, entre nous, ne fonctionnait qu'une fois sur trois. On avait mis en place un code où je disais "bien reçu" trois fois. De l'autre côté, ils avaient une radio de 100 watts qui émettait très bien, mais la mienne disposait d'à peine 20 watts, et elle était très faible à cause du froid. Ils savaient donc que j'avais reçu leur message non pas parce qu'ils entendaient ma voix mais parce que le potentiomètre avait bougé trois fois. La communication était très précaire à l'époque!* » s'amuse-t-il à préciser. L'ensemble de ces épreuves difficiles ont en réalité construit l'homme qu'il allait devenir. « *Cette exploration a été très formatrice. Subsister 63 jours dans ces conditions, dont les 15 premiers si terribles à cause du froid, où il a fallu du temps pour s'habituer à ces conditions, à ce trajet qui n'en finissait pas, bloqué parfois pendant 2 jours à cause du blizzard, piégé dans ma tente, ces kilomètres perdus qu'il fallait ensuite rattraper… cela confirme à quel point le mental est primordial.* »

Un long périple ponctué par de grandes frayeurs, la première à cause d'un ours, la deuxième à cause de la banquise elle-même. Un voyage qui a laissé des traces… Et 33 ans plus tard, il s'en souvient avec beaucoup de précision et d'émotion. « *J'ai eu deux grandes peurs pendant cette aventure. Tout d'abord, quand j'ai vu des traces d'ours très fraîches à 200-300 mètres de ma tente. Je m'en suis rendu compte au moment où je pliais mon camp. Tout au long de la journée, l'inquiétude était vive car je n'avais pris aucune arme, c'était trop lourd. Je me retournais sans arrêt pour vérifier si l'ours ne me suivait pas. Je n'ai jamais rien vu. Visiblement, je ne l'ai pas intéressé* », raconte-t-il avec une pointe d'humour. Cet épisode avec un animal sauvage n'est cependant qu'un avant-goût de ce qui l'attend. « *Ma deuxième peur, c'est le moment où je suis passé à travers cette très fine glace. Je savais que si cela arrivait je devais me coucher immédiatement et ramper pour limiter la pression. Contrairement à ce que l'on imagine, au début de sa formation la glace de mer est fine et très flexible, pas du tout rigide comme la glace d'eau douce. C'est d'abord une sorte de pâte qui reste souple un long moment avant de durcir. Quand on marche dessus, c'est un peu comme sur un trampoline. À un moment ça s'est cassé et je suis passé à travers jusqu'aux genoux, je me suis donc couché et j'ai rampé.* »

Malgré ces obstacles, cette glace monumentale, ce froid intense, Jean-Louis Étienne est parvenu à dépasser les limites du corps humain. Une performance personnelle soldée par l'arrivée au pôle Nord, devenue l'un des plus grands souvenirs de sa vie. « *C'est un moment d'une euphorie totale, l'accomplissement de quelque chose de difficile que vous réussissez. Une victoire déterminante pour moi. À cet instant, j'ai su que l'exploration allait devenir ma vie.* »

Après cette fabuleuse aventure, d'autres suivront. Jean-Louis Étienne prendra la direction du Groenland avec des chiens de traîneau, puis de la Géorgie du Sud où il côtoiera une faune extraordinaire – otaries, éléphants de mer et manchots entre autres. Puis viendront l'Antarctique, le Spitzberg, la Patagonie, des destinations qui dénotent une passion certaine pour ce monde recouvert de glace. Ces voyages sont aussi l'occasion de réaliser des mesures pour les scientifiques, tout en devenant un témoin privilégié d'une nature fragile qui perd un peu plus d'espace chaque année.

Le froid face au réchauffement climatique

Voici un extrait du film américain *Le Jour d'après*, sorti en 2004 : « *Vous vous souvenez de votre intervention à New Delhi sur la fonte de la calotte polaire qui pourrait perturber le courant Atlantique nord ? Je crois que c'est ce qui se passe.* » Le scénario s'appuie sur la disparition du Gulf Stream, un courant marin, qui plongerait le monde dans de terribles catastrophes naturelles – déluges, cyclones… – et surtout provoquerait la chute vertigineuse des températures, déclenchant un nouvel âge glaciaire. Mais qu'en est-il vraiment ? Ce film part d'un réel constat, des chercheurs travaillant en effet sur l'hypothèse d'un ralentissement voire de la fin du Gulf Stream. Finalement ce scénario catastrophe, mythe ou réalité ?

Le Gulf Stream est une sorte de boucle qui régit les courants marins en surface, fonctionnant selon la configuration des vents dominants, les vents d'ouest pour nos latitudes, et les alizés plus au sud, qui sont des vents d'est. Ce sont ces derniers qui poussent le Gulf Stream vers le golfe du Mexique où il prend sa source, puis entraînent ces eaux chaudes des tropiques vers le nord en remontant vers les Grands Bancs de Terre-Neuve. Ce courant océanique prend la direction de l'est puis va se diviser en plusieurs faisceaux dont un qui ira jusqu'à l'Atlantique nord. Lors de l'arrivée de ce dernier dans les eaux arctiques, ses eaux chaudes se refroidissent brutalement et plongent vers les profondeurs de l'océan. Elles vont former une grande boucle, appelée la circulation thermohaline, sorte de tapis roulant océanique engendré par les différences de température et de salinité de l'eau de mer. Puis elles vont continuer leur chemin dans les abysses tout en descendant vers le sud afin de revenir vers le début du Gulf Stream, au large des côtes américaines. Grâce à ce processus, celui-ci va distribuer les eaux chaudes de l'équateur vers le nord et les eaux froides de l'Atlantique nord vers le sud, ce qui est en partie l'origine de notre climat tempéré.

Le Gulf Stream et la circulation thermohaline sont donc perpétuellement en interaction. Si le premier faiblit, alors la seconde transportera moins d'énergie et aura plus de difficulté à effectuer ce transfert entre les eaux chaudes et froides. Et c'est là que réside le problème. Car ce tapis roulant climatique pourrait ralentir à cause d'une baisse de la salinité. Deux phénomènes expliquent cela. Tout d'abord, l'amplification du cycle de l'eau. L'eau se réchauffe, ce qui entraîne plus d'évaporation et donc davantage de précipitations dans ces régions où s'effectuent les immersions d'eau profonde. Ces pluies d'eau douce surabondantes réduisent la salinité de l'océan, un des facteurs clés qui déterminent la plongée des eaux vers les abysses. Une autre cause est la fonte des glaces du Groenland. Cette partie de l'Arctique détient aujourd'hui 7 % des réserves en eau douce de la Terre. En fondant, ces glaces se déversent directement dans l'Atlantique nord, ce qui réduit un peu plus encore la salinité de l'océan.

Si l'inconscient collectif nous fait craindre les conséquences de cette décélération, ce n'est pas en lien avec le film catastrophe mais plutôt à cause du dernier coup de froid enregistré en Europe et qui ne date pas de l'âge de glace. En 8 200 avant J.-C., une calotte de glace recouvre une grande partie de l'Amérique du Nord, les Laurentides. Lors de cette période, au début de l'Holocène, les températures remontent par un processus totalement naturel. « *La planète s'est mise à stocker plus d'énergie solaire, la chaleur s'est accentuée et la calotte a fondu encore un peu plus, initiant une sorte de boucle qui s'est intensifiée* », précise David Salas, responsable du groupe de météorologie de grande échelle et climat à Météo-France/CNRS. D'immenses lacs se forment, issus de la fonte de ces glaciers. Jusqu'au jour où des barrages glacés naturels ont fini par céder, déversant toute cette masse d'eau froide et douce dans l'océan Atlantique. Résultat, la circulation thermohaline est affectée, réduisant le transfert de chaleur vers l'Atlantique nord et produisant un refroidissement du climat qui va durer environ 150 ans : « *Cela a été de l'ordre de 1 °C en moins pour la planète, alors que l'on sortait d'une période qui était quand même 4 à 7 °C plus froide que ce que l'on connaît aujourd'hui.* » Les conséquences ne peuvent donc pas être les mêmes entre l'arrêt de ce "tapis roulant" à cette période et aujourd'hui : « *Le changement climatique que l'on connaît et que l'on pourrait connaître dans les décennies à venir est radical. Il pourrait, pourquoi pas, conduire à des changements de circulation océanique dans l'Atlantique Nord mais certainement pas à un arrêt du Gulf Stream.* » Contrairement au film *Le Jour d'après*, les conséquences ne s'annoncent pas apocalyptiques : « *On estime que cela devrait toucher surtout le climat des côtes ouest de l'Europe, donc celui de la Bretagne, des Îles britanniques, de l'Irlande et même de la Norvège* », tempère David Salas. « *Globalement, cela produira un climat un peu moins doux, c'est-à-dire plus froid en hiver et un peu plus chaud l'été. Cela va seulement corriger un peu le changement climatique : au lieu d'avoir +2 °C ou +3 °C en moyenne pendant l'hiver, nous aurions +1 °C ou +2 °C. C'est un effet collatéral qui est inattendu mais qui n'est pas majeur en l'état des connaissances actuelles* », conclut-il.

Malgré tout ce que nous pouvons entendre ou lire, le ralentissement de cette machine pourrait quand même freiner l'emballement du réchauffement climatique pour l'Europe de l'Ouest.

Cependant, d'autres régions sont impactées par le dérèglement de la planète. Les pôles se réchauffent plus vite avec des conséquences immédiatement visibles. Jean-Louis Étienne a réalisé son périple au pôle Nord en 1986 ; avec le recul d'une trentaine d'années, il constate les terribles changements sur cette immense mer de glace, la banquise – qu'il faut bien différencier des glaces continentales, c'est-à-dire les calottes polaires sur terre comme au Groenland. « *À l'époque, on disait que la banquise avait une épaisseur moyenne d'1,80 m, aujourd'hui nous sommes à 1,20 m, c'est donc une perte considérable. Ce que j'avais pu constater à l'époque, c'est qu'il existe une véritable tectonique des plaques de glace, elles entrent en collision, elles se soulèvent les unes contre les autres, elles montent des murs de glace qui peuvent atteindre 6 m de hauteur. Aujourd'hui, ce n'est plus possible car la glace est moins dure, moins épaisse. En avril 2010, j'ai survolé le pôle Nord en ballon, c'était à peine la fin de l'hiver là-bas. J'ai alors constaté qu'à la place de la glace, il y avait d'énormes étendues d'eau libre, ce qui n'existait pas quand j'y étais allé à la même période, 30 ans plus tôt.* » Une perception *in situ* que confirme Jean Jouzel, climatologue spécialiste des glaces et vice-président du groupe scientifique du GIEC entre 2002 et 2015. « *Pour la banquise, la surface totale tend à diminuer en hiver et, à la fin de l'été, il y a 2 fois moins de glace depuis les 50 dernières années. La projection à 2 °C signifie que l'on pourra circuler sur les eaux de l'Arctique* [jusqu'alors glacées]. » En ce qui concerne les glaces présentes au Groenland, le constat n'est pas plus optimiste : « *Si le réchauffement climatique dépasse les 2 °C nous pouvons envisager à long terme, à l'échelle du millénaire, une fonte totale. Ce pays, rempli de glaces terrestres, disparaîtrait donc. En limitant à 2 °C, nous avons une chance de le préserver. Cependant, la limite n'est pas encore très claire aujourd'hui.* »

Du côté du pôle Sud en Antarctique, ce qui a le plus frappé Jean-Louis Étienne c'est la disparition des glaces sur toute une partie du périple qu'il avait réalisé à l'époque avec les chiens de traîneau : « *Je l'ai traversé en intégralité, depuis la péninsule jusqu'à la base russe de l'autre côté. Dans les 600 premiers kilomètres, il y avait une plateforme de glace flottante, qui s'appelait la barrière de Larsen, du nom d'un grand navigateur norvégien. Aujourd'hui cette plaque a totalement disparu. La traversée que j'ai effectuée n'est plus réalisable maintenant.* » La calotte glaciaire présente là-bas indique un risque d'élévation du niveau de la mer de 7 m. Le danger de la fonte de la glace terrestre, c'est la montée des eaux. « *À notre époque actuelle, elle progresse de 3,2 mm chaque année dont 1/3 dû à la dilation des eaux – si l'eau est plus chaude, elle se dilate et prend plus de place –, et les 2/3 restants principalement dus à la fonte des glaces continentales. À plus long terme, c'est l'incertitude sur leur évolution* », précise Jean Jouzel. « *Quoi qu'il arrive, nous aurons une hausse du niveau de la mer de 40 à 50 cm d'ici la fin du siècle, le processus est déjà lancé. Les actions d'aujourd'hui vont décider du sort des glaces sur le long terme. On peut s'attendre dans le cas extrême à une hausse de dizaines de mètres dans plusieurs centaines d'années.* »

Les régions polaires sont les témoins du réchauffement climatique, l'homme responsable de son accélération. Lorsque les scientifiques, comme Jean Jouzel, extraient des carottes de glace en Antarctique, ils remontent dans le temps jusqu'à 1,5 million d'années. Ils se sont alors rendu compte qu'il y avait toujours eu des périodes glaciaires beaucoup plus froides qu'aujourd'hui et des périodes interglaciaires beaucoup plus chaudes, il existe donc toujours une alternance aussi loin que nous pouvons remonter dans le temps. Cependant, les derniers carottages effectués ont mis en évidence que, depuis

150 ans, il y a une accélération rapide de la température moyenne. C'est donc le signe pour les scientifiques de l'action de l'homme sur le climat. « *Ce que nous révèlent aussi les régions polaires, sur l'épisode de la création du trou de la couche d'ozone au-dessus de l'Antarctique, c'est que l'homme est capable de changer la composition de l'atmosphère* », complète Jean-Louis Étienne, qui nous explique sa vision du réchauffement climatique via une métaphore très intéressante: « *On peut faire la comparaison avec la température du corps humain pour comprendre ce qui se passe. La température normale du corps, c'est 37 °C. Si on prend 1 °C, elle monte à 38 °C, c'est l'équivalent d'une petite fièvre. On commence à s'en occuper en médecine quand il y a quelques complications. La Terre en est là aujourd'hui, dans cette phase critique.* »

Le pôle Sud recèle encore bien des mystères pour comprendre comment la machine climatique fonctionne. Ce sera d'ailleurs tout l'enjeu de la prochaine expédition de Jean-Louis Étienne à bord du Polar Pod. Il pourra étudier, comme personne n'a pu le faire jusqu'à présent, le courant circumpolaire qui ceinture l'Antarctique. « *C'est un courant gigantesque de 22 000 km de circonférence, le plus grand de la planète dont on ne connaît pas encore les caractéristiques, constitué d'eaux froides qui sont des puits de carbone, car le* CO_2 *se dissout surtout dans ces eaux-là. On a besoin de mieux le cerner pour comprendre son impact dans les modèles climatiques. Toutes les publications sur l'océan austral se concluent par le même constat: nous avons besoin de relevés* in situ *sur une longue période de temps. Nous allons donc nous laisser entraîner par ce courant pendant 2 ans pour collecter des mesures sur la capacité de l'océan à absorber le gaz carbonique, mais nous ferons aussi un inventaire de la faune par acoustique, et étudierons enfin l'impact anthropique. Ce courant, bien plus important que le Gulf Stream en termes de volume et de débit, est comme une courroie de transmission entre les trois océans puisqu'il unit l'Indien, l'Atlantique et le Pacifique. C'est un moteur de la circulation océanique mondiale.* »

Revenons en France où la question de l'évolution des vagues de froid fait également l'objet de nombreuses études. Jean-Michel Soubeyroux, directeur adjoint de la climatologie à Météo-France, nous fait part des derniers résultats obtenus: « *Les vagues de froid diminuent sensiblement en termes d'intensité. Question fréquence, c'est moins rapide. Dans le climat futur ce risque ne se réduit pas à la même vitesse qu'augmente le risque de vagues de chaleur. Les vagues de froid à venir ne seront probablement pas aussi durables et intenses que celles que l'on a connues en 1953 et 1956, mais elles pourront encore s'apparenter à celles de l'hiver 2012 ou 2018. Elles feront partie de notre climat pendant un certain temps.* »

Il est donc nécessaire de comprendre que nous connaîtrons des hivers très froids mais qu'ils seront de moins en moins fréquents. Cependant, cette baisse s'effectuant très lentement, il est probable que l'on ne ressentira pas de différence dans les prochaines années, mais que l'on s'en rendra compte dans 10, 20 ou même 30 ans. D'ailleurs, s'il a fallu du temps pour expliquer ce qu'il se passait aux pôles, c'est parce que certains scientifiques pensent que cela pourrait avoir une incidence indirecte sur nos vagues de froid. La chercheuse Kelly Levin, du World Resources Institute[7], a d'ailleurs énoncé, dans un article très bien documenté, que, pour elle, il existait peut-être un lien entre la fonte de l'Arctique et les conditions climatiques extrêmes en hiver. « *L'Arctique se réchauffe deux à trois fois plus vite que la moyenne mondiale. Les scientifiques affirment que le réchauffement de la température de l'air dans l'Arctique peut affaiblir le courant-jet, alors qu'il emprisonne généralement le vortex polaire au-dessus de l'Arctique, mais s'il s'affaiblit, l'air froid peut se diriger vers les États-Unis. Les scientifiques ont approfondi notre compréhension du lien entre un océan Arctique plus chaud et la fréquence et les changements des conditions météorologiques hivernales américaines, en particulier les vagues de froid et les fortes chutes de neige dans le nord-est et le Midwest américains. Alors que des études précédentes ne portaient que sur quelques mois, les auteurs d'une étude récente de* Nature Communications *ont analysé des données remontant à 1950. Ils ont découvert une relation étroite entre les températures chaudes de l'Arctique et les conditions hivernales rigoureuses, en particulier dans l'est des États-Unis.* » La chercheuse développe son idée en évoquant également les extrêmes hivernaux qui se produisent en Eurasie : « *Les chercheurs ont confirmé la présence d'hivers plus froids et de descentes d'air froid plus fréquentes en Sibérie, consécutives à la perte de glace marine dans les mers de Barents-Kara à la fin de l'automne. Dans une autre étude, des scientifiques ont découvert qu'au cours des 37 dernières années, le vortex polaire s'affaiblit plus fréquemment, permettant à l'air glacial de s'échapper de l'Arctique* », plongeant ainsi à nos latitudes. Toutes ces recherches,

7. Centre de recherche américain, spécialisé sur les questions environnementales.

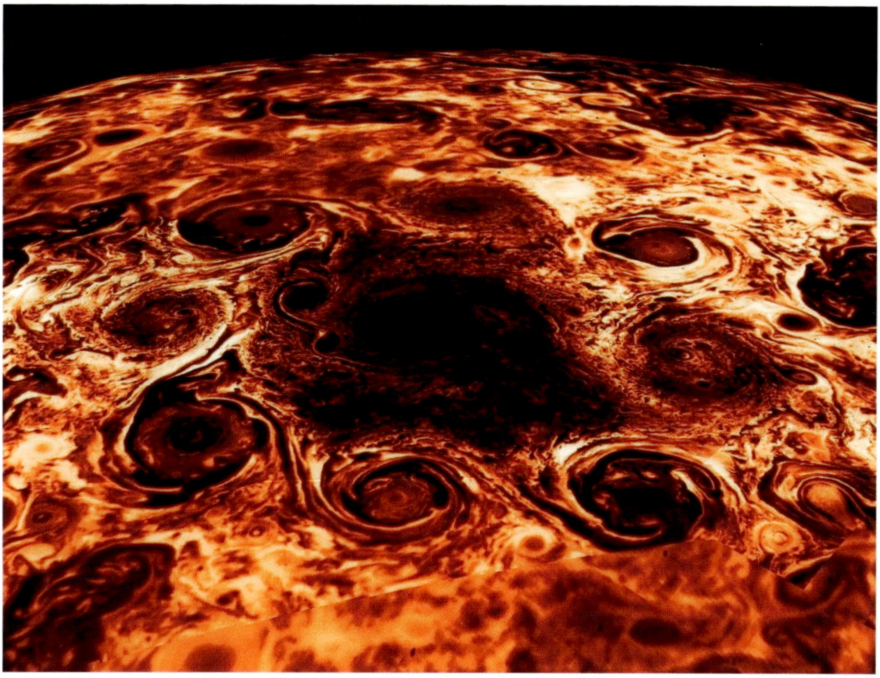

Les cyclones de Jupiter photographiés par la sonde spatiale Juno.

Le télescope spatial Hubble relâché dans l'espace par l'astronaute français Jean-Francois Clervoy le jour de Noël 1999, à 600 km d'altitude. Ce mythique instrument scientifique a contribué depuis 30 ans à mieux connaître le système solaire, notamment en "planétologie comparée". Cette technique permet de faire progresser les modèles climatiques terrestres en observant l'évolution du climat d'autres corps célestes.

Le désert du Sahara de couleur ocre, bordé au sud (à gauche sur la photo) par le massif sombre du Hoggar. Cette photo est prise avec une focale qui offre le même champ de vision qu'à l'œil nu. L'extrême finesse relative de l'atmosphère, vue sur sa tranche à l'horizon, fait prendre conscience de la fragilité de notre écosystème terrestre.

Illustration du satellite Météosat seconde génération.

Dans la baie de Grand-Case à Saint-Martin, après le passage de l'ouragan Irma, septembre 2017.

La préfecture de Saint-Martin à Marigot.

L'ouragan Florence vu depuis l'ISS (Station spatiale internationale). L'astronaute allemand Alexander Gerst a réussi à capturer ce mastodonte de 804 km de diamètre grâce à un objectif super grand angle.

L'œil de l'ouragan. L'astronaute allemand Alexander Gerst a dit ces mots en postant la photo sur les réseaux sociaux : « Avez-vous déjà fait plier du regard l'œil béant d'un ouragan de catégorie 4 ? C'est glaçant, même depuis l'espace. »

Inondations à Vaison-la-Romaine, le 22 septembre 1992 : l'Ouvèze, transformée en torrent, emporte véhicules et mobilier urbain.

© BONNAVENTURE/SIPA

Times Square, New York, pendant la tempête de neige Snowzilla, le 23 janvier 2016.

© Amir Levy/SIPA

Glacier d'Argentière en 1863 et en 2015. Les images nous permettent de comparer l'évolution du glacier d'Argentière en l'espace de 152 ans. Au XIXe siècle il semblait vouloir ensevelir le village, alors qu'aujourd'hui il ne reste qu'un morceau tout en haut à gauche de la photo. Un recul de 1150 m... Il devrait totalement disparaître d'ici la fin du siècle.

Petite photo couleur : © Christian Vincent ; grande photo sépia : © A. Civiale

La tempête Grayson, à New York, le 4 janvier 2018.

Le voilier *Antarctica* s'approche de la barrière de Ross en Antarctique, dont la surface est comparable à celle de la France, avril 1989.

Jean-Louis Étienne et ses chiens de traîneau, lors de l'expédition Transantarctica, pôle Sud, 1990.

Jean-Louis Étienne
lors de la Mission Banquise, 2002.

Jean-Louis Étienne lors de la Mission Banquise où il a passé trois mois au pôle Nord à bord du *Polar Observer*, 2002.

Conséquences de la tempête Xynthia, qui frappa l'Europe les 27 et 28 février 2010. La Faute-Sur-Mer, Vendée, le 2 mars 2010.

© HADJ/SIPA/1003091120

Le stade sous les décombres après le passage de la tornade à Hautmont, août 2008.

© P. Mahieu, E. Wesolek – KERAUNOS

Une maison détruite lors du passage de la tornade à Hautmont, août 2008.

© P. Mahieu, E. Wesolek – KERAUNOS

Tornade traversant la campagne du Wyoming, le 6 juin 2018.

27 avril 2011, une tornade meurtrière se propage à Tuscaloosa (Alabama). À cette date, une série de tornades (plus de 120 ont été signalées) a tué des centaines de personnes, en a blessé des milliers et détruit de nombreuses habitations.

Double coup de foudre extranuageux, ramifié, près de Saint-Julien-en-Genevois, 22 août 2018.

Photographie réalisée depuis le mont Salève en Haute-Savoie lors d'un orage à Genève, le 20 juin 2007.

Projet de la tour Tao Zhu Yin Yuan à Taïwan, imaginée en 2010 par l'architecte Vincent Callebaut pour dépolluer nos villes.

La tour a été achevée en juin 2018. Elle possède 25 000 plantes, arbustes et arbres qui peuvent absorber 130 tonnes de CO_2 par an à Taipei.
La tour Tao Zhu Yin Yuan est un prototype de bâtiment écologique à absorption de carbone.

Le projet "Mountain Towers" imaginé en 2014 par l'architecte Vincent Callebaut pour la rue de Rivoli à Paris.
Des tours végétales, solaires et hydro-dynamiques bioclimatisant l'îlot de chaleur urbain.

encore très récentes, sont en perpétuelle évolution. Ce sont, pour le moment, uniquement des pistes de travail et des premières idées qui ne font pas encore consensus au sein de la communauté scientifique. « *Une analyse rapide réalisée par l'Association météorologique mondiale (WWA) l'an dernier a révélé qu'une vague de froid de deux semaines touchant le nord-est des États-Unis et le sud-est du Canada en décembre 2017 / janvier 2018 ne s'était pas intensifiée en raison du réchauffement de l'Arctique. Au contraire, les chercheurs ont constaté que les vagues de froid comme celles que vivent actuellement les États-Unis sont devenues plus rares.* »

Le centre national des océans et de l'atmosphère (NOAA) a publié un bulletin d'étude sur l'Arctique fin 2018, concluant que le sujet de l'impact d'un réchauffement et d'une fonte rapide de l'Arctique sur les phénomènes météorologiques extrêmes « *tiendra les scientifiques occupés pendant de nombreuses années* ». Comme le précise ce rapport, « *il devient de plus en plus clair que les changements dans le Grand Nord nous toucheront de plus en plus* ».

Cependant nous ne savons pas encore ce que sera l'impact de la fonte de l'Arctique sur nos latitudes. Il faudra attendre encore plusieurs années pour comprendre les conséquences de ce phénomène.

LA TEMPÊTE, CES VENTS QUI NOUS FONT PEUR

Ce phénomène météo renforce notre conviction d'impuissance face à la nature. La tempête déploie des vents qui peuvent devenir incontrôlables. Elle se déchaîne en attaquant les lieux où nous nous sentons pourtant le plus en sécurité comme nos maisons. Un élément qui semble immaîtrisable aujourd'hui.

Devons-nous craindre le retour des terribles sœurs jumelles Martin et Lothar dans les années à venir? La hausse du niveau des eaux pourrait-il être un facteur aggravant pour nos côtes françaises? Devrons-nous faire face à des tempêtes toujours plus puissantes?

Partons à la rencontre de différentes personnalités, scientifique, navigateur, routeur, journaliste, météorologue, chercheur, prévisionniste. Ils vont nous confier leurs histoires sur ces vents destructeurs.

6 juin 1944 : le débarquement en Normandie

Le domaine de la météorologie a connu de grandes avancées lors de la Première Guerre mondiale. On a compris progressivement l'importance de la maîtrise de cette information, au point que le ministère de la Guerre décide de développer son propre service météo qui passe de 50 à 2000 hommes pour travailler sur cet enjeu tactique pendant les quatre années de la Grande Guerre.

Cependant, c'est lors de la Seconde Guerre mondiale que la météo est devenue une véritable arme à part entière. S'est alors mise en place ce que bon nombre de spécialistes appellent la "Guerre météorologique de l'Atlantique Nord".

Nous allons donc remonter en 1942 dans les contrées froides et reculées du Spitzberg, de l'Islande et du Groenland. Des forces alliées débarquent dans ces zones isolées pour mener un combat qui s'avèrera, des années plus tard, décisif: la prise des stations d'observation météorologique allemandes. Le combat dure plusieurs années dans des conditions extrêmes au pôle Nord, et les Allemands finissent par abandonner le Groenland, une décision qui leur sera fatale. Les Allemands n'ayant pas un accès direct à l'Atlantique, contrairement aux Alliés, disposent donc d'un réseau météo insuffisant pour surveiller l'arrivée des dépressions qui prennent naissance dans cet océan. Au-delà de ces stations au sol, de nombreux navires, sans oublier les avions de reconnaissance, circulent dans cette région pour obtenir également de précieuses données. Le bombardement des navires ennemis, afin de les empêcher d'envoyer des informations météo, est même devenu une mission à part entière.

Côté Alliés, ces spécialistes du temps ont été recrutés parmi le personnel de l'Office météorologique britannique, de la Royal Navy et de l'armée de l'air américaine. Ils sont six au total à être en charge des prévisions pour le débarquement, trois Anglais, deux Américains et un Norvégien, divisés en trois groupes, tous sous les ordres du capitaine James Martin Stagg. Ils travaillent séparément et proposent leur propre prévision, suivant différentes méthodes de travail: les Américains comparent les valeurs mesurées avec les tendances du passé, alors que les Britanniques utilisent des modèles mathématiques et physiques, exigeant de résoudre des équations complexes à la main. Chacun donne ensuite sa recommandation au capitaine James Martin Stagg. Nous pouvons facilement imaginer les grandes rivalités qui se développent entre eux, doublées du poids considérable qui pèse sur leurs épaules: « *L'issue du Jour J, peut-être même l'avenir du monde occidental, dépendait de ces prévisions; on peut dire qu'on était pas mal sous pression*[1] », raconte le Dr Lawrence Hogben, prévisionniste pour la Royal Navy.

L'idée de l'opération “Overlord” germe depuis de nombreux mois, et certaines conditions sont requises pour son bon déroulement. Tout d'abord, le vent doit être faible pour permettre aux milliers de parachutistes d'atteindre leurs objectifs. Ce sont eux qui serviront d'éclaireurs et prépareront l'arrivée des autres troupes. D'autres avions devront procéder à des bombardements préalables. Deux autres paramètres sont donc indispensables: une nuit dégagée,

1. *Daily Telegraph*, 2004.

sans nuage bas, pour bien viser les cibles, ainsi que la pleine lune pour y voir suffisamment. Enfin, la mer doit être calme pour permettre le débarquement des milliers d'hommes qui arriveront par bateaux. Ces derniers devront partir à l'aube, au moment de la marée basse, pour leur permettre de visualiser les éventuels obstacles installés par les Allemands.

Tout au long du mois de mai, le général Eisenhower met l'équipe des météorologues à l'épreuve afin de définir une date fiable pour cette opération qui nécessite une mobilisation humaine, industrielle et militaire sans précédent. La guerre fait rage et les problèmes d'ego n'arrangent rien mais, après de nombreuses concertations, une fenêtre de tir semble possible les 4, 5 ou 6 juin. Au vu du temps qui s'annonce, il faudrait attendre 15 jours pour une prochaine date possible. Le général Eisenhower fixe donc le lancement de l'opération "Overlord" au 5 juin.

Malheureusement, la météo est une science en mouvement constant et qui évolue. Plus on se rapproche du 5 juin, plus le temps se dégrade, menaçant fortement le débarquement. 5 000 navires, 10 000 avions et près de 155 000 hommes sont sur le pied de guerre et l'assaut est à un cheveu d'échouer pour des raisons météorologiques. Le 3 juin, le capitaine Stagg apporte de nouvelles prévisions. Son équipe voit les signes d'une nouvelle perturbation mais tous les prévisionnistes ne sont pas d'accord sur le moment de son arrivée et sur sa durée. Fort de son expérience et après plusieurs analyses, il annonce qu'une tempête se prépare, rendant très dangereuse la navigation des bateaux et risquant de provoquer le naufrage des chars, et qui mettrait en péril les parachutistes.

C'est à ce moment du récit que les guerres des stations d'observation météorologique au Groenland vont faire toute la différence. Grâce à elles, un météorologue de la Royal Navy indique une zone de haute pression qui semble se former derrière notre perturbation. Cela laisse donc présager un répit qui devrait s'installer au moins jusqu'au 10 juin et, par conséquent, une fenêtre favorable pour le débarquement. Ces conditions seraient réunies aux toutes premières lueurs du jour, le 6 juin. Tous ne sont pas d'accord avec cette proposition. Les 3 groupes météo sont divisés sur cette question, et décident de procéder à un vote. Le résultat est à deux voix contre une en faveur de l'hypothèse sur l'accalmie. Celle-ci est donc indiquée au général Eisenhower. Le capitaine Stagg lui annonce que le vent se calmerait pendant 36 heures, rendant possible l'opération. Le 5 juin 1944, après un long silence de plusieurs dizaines de secondes, le général envoie son célèbre verdict : « *Let's go*[2] *!* »

L'Histoire s'écrira donc le matin du 6 juin 1944. Le cours de la Seconde Guerre mondiale va se jouer d'ici les prochaines heures, soit en victoire éblouissante, soit en défaite écrasante. Sir Alan Brooke, alors chef d'état-major général de l'Empire britanique, l'exprimera avec ces mots : « *Je m'inquiète beaucoup au sujet de cette opération. Ce sera peut-être le désastre le plus épouvantable de toute la guerre.* »

Du côté allemand, privé de stations météo qui auraient pu indiquer cette accalmie, on pense toujours impossible un débarquement avant le 10 juin. De plus, les avions de reconnaissance ont été dans l'incapacité de repérer des éventuels préparatifs à cause des orages violents qui se sont abattus sur la région pendant les deux jours qui ont précédé le "*D-Day*". C'est à ce moment-là que le commandant Rommel prend la décision de retourner en Allemagne pour fêter l'anniversaire de son épouse. Les Allemands pensent avoir un moment de répit, certains faisant des exercices de simulation bien loin de la zone.

La nuit du 5 au 6 juin arrive. Comme prévu le temps s'est un peu calmé mais le ciel de traîne s'avère plus actif que prévu. Les vents sont presque conformes aux prévisions, à peine 20 km/h près des côtes, en revanche en mer et surtout sur les côtes Est, il est plus soutenu que prévu, aux alentours de 40 km/h. Des brouillards et des nuages bas se sont également formés car l'humidité présente au sol, à cause des pluies de la veille, a finalement condensé. Certains parachutistes n'ont donc pas pu atterrir dans les lieux définis. La couverture nuageuse, encore très compacte, empêche certaines attaques aériennes préalables. Le vent soulève par endroits des vagues allant jusqu'à 2 m de hauteur, une situation bien éloignée de la mer calme dont les bateaux avaient besoin. Les soldats sont alors pris par le mal de mer, l'eau qui se projette sur eux les refroidit, leurs vêtements sont trempés. Ils se sentent pris au piège et désarmés, assaillis par le

2. Traduction : « *On y va !* »

vent, l'air frais et une eau gelée. Le général Eisenhower, voyant que les conditions sont beaucoup plus compliquées que prévu, écrit une lettre au cas où les choses vireraient à la catastrophe : « *Les débarquements dans la zone de Cherbourg-Le Havre n'ont pas réussi à conquérir une tête de pont suffisante et j'ai dû replier les troupes. Ma décision d'attaquer à ce point et à ce moment se fondait sur les meilleurs renseignements disponibles. L'armée, l'aviation et la marine ont fait tout ce que la bravoure et le sens du devoir permettaient de faire. Si quelque faute a été commise, j'en porte seul la responsabilité.* »

Il n'aura jamais besoin d'envoyer ces mots. Malgré ces conditions difficiles, les hommes sont partis et ont pu atteindre les plages ; le matériel a également pu débarquer ; les parachutistes ont pris leur envol et ont, malgré tout, pu atterrir sur certaines zones stratégiques. Dans l'après-midi, on apprend que certaines troupes ont réussi à atteindre les falaises et qu'elles poursuivent leur avancée à l'intérieur des terres. Nous connaissons tous la suite victorieuse de ce récit, où les Alliés ont pu libérer la France. Le météorologue George Lawrence Hogben, membre de l'équipe qui fixa la date de l'opération "Overlord", prononça ces mots : « *Il n'aura pas fallu grand-chose pour que le Jour J se solde par un échec, un échec dû au temps.* »

Les prévisionnistes alliés ont ici réalisé un exploit en trouvant cette fenêtre de 36 heures entre deux perturbations, qui a totalement échappé aux Allemands. Quand on voit déjà aujourd'hui les difficultés des prévisionnistes pour savoir avec précision ce qui va se passer dans 48 heures, en cas de perturbations, il est facile d'imaginer la prouesse qu'ont réalisée ces hommes, à l'époque, avec des outils rudimentaires. La stratégie météo aura fait basculer le cours de l'Histoire ce 6 juin 1944.

Qu'est-ce qu'une tempête ?

Les tempêtes se développent tout au long de l'année mais il y a des périodes plus propices que d'autres à leur formation. Généralement, tous les ingrédients sont réunis pour leur croissance entre les mois de novembre et de mars. Il en existe 2 types : les synoptiques, qui sont liées à une forte dépression et bordent principalement la façade Atlantique et les côtes de la Manche – c'est le cas de figure le plus courant. Il existe également celles liées au relief, qui se produisent généralement dans le sud-est de la France : ce sont les épisodes violents de mistral, de tramontane ou de vents d'ouest.

> **Le saviez-vous ?**
> ***Podium des villes***
>
> *En Bretagne, la Pointe du Raz connaît une moyenne de 26 jours de tempête par an, et à Ploumanac'h, c'est près de 21 jours. En Corse, la région la plus touchée est située au nord de l'Île de Beauté : c'est le Cap Corse, avec plus de 60 jours*[3].

Pour comprendre la formation d'une tempête, il faut d'abord connaître l'origine du vent. Pour cela, je vous emmène à très haute altitude pour aller à la rencontre de nos célèbres dépressions et anticyclones qui sont à l'origine de cette grande machine.

L'anticyclone, vous le connaissez bien, c'est en quelque sorte un ami qui nous veut du bien. C'est une vaste zone qui possède à l'intérieur un air plus froid que les autres et donc plus lourd. C'est d'ailleurs pour cela que la lettre A qui le représente sur nos cartes est de couleur bleue. Ce poids va exercer une pression assez forte et obliger cet air à descendre vers le sol, où il va agir comme un bouclier de protection et chasser toutes les dégradations autour de lui.

À l'inverse, la dépression est une zone avec de l'air plus chaud, donc plus léger, qui va naturellement s'élever, tel un ballon gonflé à l'hélium. C'est pour cela que la lettre D qui la représente sur nos cartes est de couleur rouge. Par conséquent, elle exerce une pression beaucoup plus faible. Cet air chaud et humide qui vient du sol, et surtout des océans, ramène avec lui cette humidité. La vapeur d'eau en montant se heurte à un air plus froid, les gouttelettes d'eau se condensent et les nuages apparaissent.

---

3. Selon des données de Météo-France, c'est un nombre de jours moyen par an où les vents dépassent les 100 km/h. Cette moyenne est calculée sur une période inférieure à 30 ans.

À travers le monde, il existe de multiples anticyclones et dépressions qui interagissent en même temps, et sont constamment en mouvement car les masses d'air froid et chaud se déplacent en suivant le rythme de l'anticyclone qui part toujours en direction de la dépression. Cette danse entre ces faux jumeaux est à l'origine du vent. Plus la différence de pression entre les deux est importante, plus le vent est fort.

Voici l'explication pour la formation du vent. Mais à quel moment basculons-nous du simple vent à une tempête ? Il faut chercher la réponse vers ce que l'on appelle le *Jet-Stream*.

Le *Jet-Stream*, ou courant-jet en français, est une ceinture de vent violent qui entoure la Terre à 10 km de hauteur. On le représente souvent comme un tube qui fait entre 600 et 1 000 km de largeur et qui recèle, à l'intérieur, des vents qui peuvent atteindre les 300 km/h. C'est lui qui sépare nos masses d'air chaud, situées toujours au sud de cette ligne, des masses d'air froid, situées au nord.

> **Le saviez-vous ?**
> ***Le* Jet-Stream *et les avions de ligne***
>
> *Le* Jet-Stream *a été découvert au XXe siècle grâce à l'aviation. Si vous avez pris l'avion pour effectuer un vol transatlantique, vous avez dû vous rendre compte que l'aller est souvent plus long que le retour. La différence peut atteindre plus d'une heure. Le* Jet-Stream *tourne autour de la Terre d'ouest en est, donc si votre avion décolle à Paris pour arriver à New-York, il sera contre le vent, ce qui va le freiner et lui demander plus d'énergie. Au retour, les pilotes surfent littéralement dessus et profitent d'avoir ce vent dans le dos pour aller plus vite en se laissant porter.*

Des anomalies se créent parfois à l'intérieur de ce *Jet-Stream*. La dépression, qui a pris forme dans la masse d'air chaud en s'élevant, va rencontrer cette anomalie qui va alors fonctionner comme un moteur et lui donner une énergie supplémentaire. Cette petite bombe va ensuite suivre la trajectoire du *Jet-Stream* qui, en hiver, se positionne aux portes de la France. En arrivant, c'est une véritable tempête qui s'abat sur le pays en démarrant par l'ouest de la France.

> Le saviez-vous ?
> ***L'échelle de Beaufort***
>
> *En météorologie marine, l'échelle de Beaufort permet de connaître le degré d'intensité des vents moyens. Entre 0 et 5, c'est un vent calme jusqu'à la brise, entre 6 et 7, c'est un vent frais et un grand frais, entre 8 et 9, un coup de vent. C'est à partir de 10 que l'on parle de tempête avec des vents moyens compris entre 90 et 120 km/h.*

Les tempêtes du siècle : Martin et Lothar

Celles qui ont marqué tous les esprits sont Martin et Lothar, frappant la France pendant les fêtes de Noël en 1999, avec une violence inouïe. Alors que nous sommes à la veille d'un nouveau millénaire, le chapitre du XXe siècle se referme sur un traumatisme. Ces monstres, directement venus de l'Atlantique, sont gravés dans notre mémoire collective tant ils étaient inattendus et incompréhensibles. Des arbres gigantesques qui tombent à terre un à un comme un jeu de dominos, des bateaux qui s'entrechoquent dans les ports et se jettent sur des murs en béton, des voitures qui dévalent les routes et se retournent en une fraction de seconde comme des feuilles… Des manifestations spectaculaires qui peuvent se produire une fois tous les 100 ans. Une rareté qui marquera encore plus le caractère exceptionnel de ces sœurs jumelles, puisque ce n'est pas une mais deux puissantes dépressions qui ont déferlé sur la France. Elles prennent alors le surnom des "tempêtes du siècle".

Comment peut-on expliquer leur formation ? Y a-t-il eu une erreur dans les prévisions météorologiques de l'époque ? Comment les scientifiques et les Français ont-ils réagi face à ces catastrophes naturelles ?

Pour comprendre ce qui s'est passé au cœur de ces monstres de l'Atlantique, partons à la rencontre de Joël Collado, prévisionniste à Météo-France et l'une des voix emblématiques de Radio France, et de Françoise Laborde, alors à la tête des journaux du 20 heures sur France 2. Ils étaient tous les deux présents lors de ces terribles journées.

Du samedi 11 décembre au vendredi 24 décembre 1999

Pour bien comprendre le contexte de l'époque, nous allons remonter au 11 décembre 1999. À cette date, des fissures inquiétantes apparaissent sur l'*Erika*, ce pétrolier chargé de plus de 30 000 tonnes de fioul, à seulement 300 km des côtes bretonnes. La mer est déchaînée à cause d'une violente tempête, avec des vagues de 5 à 7 m de hauteur et des vents à plus de 80 km/h. Les entailles s'aggravent dans la soirée, et des traînées commencent à être visibles à la surface de l'océan. Rien ni personne n'a pu empêcher l'inéluctable, l'*Erika* sombre dans les eaux froides de l'océan Atlantique le matin du 12 décembre, un des pires naufrages que la France ait connus. La tempête emporte, sur près de 130 km de côtes, des nappes gluantes qui vont se déverser le 23 décembre en Bretagne. « *Météo-France avait déclenché une cellule de crise pour suivre le déplacement de ces nappes de pétrole, de ces rejets* », se rappelle Joël Collado. « *À l'époque, on était plus concentré sur la parole des politiques que sur la catastrophe écologique* », précise Françoise Laborde. « *Dans les journaux, on était focalisé sur Dominique Voynet, à ce moment-là, ministre de l'Environnement, et qui avait déclaré qu'elle n'était pas complètement certaine qu'il s'agisse d'une catastrophe écologique… La polémique politique prenait le pas sur l'état des lieux.* » Une phrase qui passe mal alors que, quelques heures plus tard, les terribles images d'oiseaux enrobés de mazout et de dizaines de kilomètres de plages recouvertes d'une nappe noire font le tour du monde. Cette tempête, qui était la plus forte depuis 10 ans à ce moment-là, ouvrait en réalité la porte à deux monstres que personne n'a vus venir. « *Le jeudi 23 et le vendredi 24 décembre, à Météo-France, nous nous étions rendu compte que les conditions atmosphériques étaient très particulières et nous nous étions dit que pour Noël, il allait se passer quelque chose. Pourquoi ? Parce que le Jet-Stream avait été mesuré à 530 km/h ! On n'a jamais évalué depuis des vitesses aussi importantes. Ce courant qui, d'habitude, ondule comme un serpent sur l'Atlantique avec des méandres de grande amplitude est, à partir du 23 décembre, devenu extrêmement rectiligne. C'est vrai que les modèles n'ont pas représenté les tempêtes du siècle, mais nous étions convaincus que de tels ingrédients allaient donner naissance à quelque chose d'exceptionnel.* » Joël Collado et son équipe ont vu juste. Lothar s'approche à grands pas, d'abord sous la forme d'une dépression qui circule en dessous de ce *Jet-Stream* ultrapuissant, mais lorsque qu'elle passe sous celui-ci, elle devient explosive. Lothar est née sur les côtes de Cherbourg, une grande première qui a empêché Météo-France de la voir arriver « *En général, ce type de phénomènes se produit sur l'océan, très loin de nos côtes. Pour la première fois, la dépression est passée sous le Jet au moment où elle est arrivée en France, et la modélisation météo n'a pas pu montrer cette explosion du côté de Cherbourg.* »

Le samedi 25 décembre – après-midi

Dès l'après-midi du 25 décembre, de puissantes rafales fouettent la moitié nord de la France, les nuages arrivent sur les côtes. Personne dans les journaux ne parle de ces premières tornades qui se sont formées l'après-midi de Noël dans le département de la Manche, à l'avant de la tempête. Il faudra attendre les premières victimes pour que quelques journalistes seulement en fassent l'écho. Météo-France, au même moment, rehausse les valeurs de vent attendues jusqu'à 130 km/h à l'intérieur des terres pour le lendemain sans pour autant lancer l'alerte maximale auprès de l'État. À l'époque, on ne pouvait pas imaginer que cela puisse aller au-delà, c'était déjà un événement rare qui se produit seulement quelques fois par an.

Le dimanche 26 décembre – minuit

L'explosion de Lothar démarre aux alentours de minuit. Le creusement commence à se voir sur les images satellites, « *c'est la baisse de pression qui signale qu'il y a un creusement. D'ailleurs ce n'était plus une baisse, c'était une chute vertigineuse à tel point qu'on pensait que le baromètre ne fonctionnait plus, qu'il y avait un problème. Mais comme les autres postes disaient la même chose, on s'est rendu compte qu'il se passait quelque chose d'inouï* », se remémore Joël Collado.

Effectivement, cette tempête mettra tout le monde à terre, dépassera toutes les prévisions possibles et aura toujours un temps d'avance.

Le dimanche 26 décembre – entre 4 h et 10 h

Aux alentours de 4 h du matin, Lothar arrive à pleine puissance sur les côtes d'Armor avec des vents à 150 km/h, et prend la direction du Mont-Saint-Michel. Sa puissance comme sa vitesse surprend les prévisionnistes et les habitants : « *Dans la nuit elle touche les côtes françaises, à 7 h elle était déjà à Paris puis à 10 h elle partait vers le nord-est de la France pour prendre la direction de l'Allemagne. Elle avançait tout en continuant à se creuser et à gagner en puissance. Aucune observation, aucun document climatologique n'a montré une telle explosivité pour une dépression. C'était historique* », précise Joël Collado. « *En quelques dizaines de minutes il a fallu réagir très vite et comprendre qu'il était en train de se passer une chose complètement anormale. On avait tous un peu de retard, on était dans l'observation et non dans la prévision. Quand on a pu réagir, c'était quasiment trop tard.* »

Le 26 décembre 1999, des vents à 216 km/h ont été relevés au sommet de la tour Eiffel avant que l'anémomètre ne lâche. La moitié du bois de Boulogne est décimée en quelques heures, on relève l'équivalent du bruit de 1 000 TGV dans certaines villes de Lorraine. Des témoins racontent qu'ils entendaient des rugissements dans la forêt semblables à des réacteurs d'avion au décollage[4].

Dans le documentaire de Jean-François Delassus *La Tempête du siècle*, Henri Charpentier, alors rédacteur en chef des éditions du week-end sur France Inter, a parlé de son expérience et de son vécu à Paris : « *Je regardais si tout allait bien, il n'y avait pas d'alerte météo, puis d'un seul coup le vent s'est levé très fort. Je suis allé voir ce qui se passait à la fenêtre et là j'ai vu les poubelles littéralement propulsées, des vitres tomber, des personnes s'arrêter pour se planquer… On s'est tous demandé ce qui se passait, on a eu peur. À ce moment-là j'ai pris l'antenne pour avertir : "Surtout ne sortez pas, il y a une tempête à Paris." Je n'avais*

4. Selon les témoignages dans le documentaire *La Tempête du siècle*, de Jean-François Delassus.

aucune information, mais j'ai senti qu'il fallait prendre l'antenne et faire un flash spécial. » Dans ce documentaire, Jean-François Delassus réécoute le journal de 8 heures du 26 décembre évoquant ces vents qui poussent les boulettes de fioul vers les côtes, et le fait que Dominique Voynet se refuse à y voir une catastrophe écologique. Surpris, il se rend compte qu'il n'y a pas un mot sur ce qui se passe entre la Bretagne et Paris. « *On était moins impressionné par les phénomènes météorologiques à l'époque. On n'imaginait pas qu'une tempête puisse être quelque chose de ravageur à ce point. On n'avait pas encore de débat sur le changement climatique. En outre, la météo était considérée comme un genre mineur, à la limite du divertissement, de "l'info-service", pas vraiment du journalisme... De la neige ou du vent en hiver, de la douceur en été, ce n'était pas considéré comme des événements majeurs, contrairement à aujourd'hui* », précise Françoise Laborde.

Le dimanche 26 décembre – 20 h

Au lendemain de Noël, alors que tout le monde aurait dû être dans la joie, c'est un paysage de désolation qui s'offre aux regards et un sentiment d'incompréhension qui envahit les foyers français. Lothar a traversé la France, de la Bretagne à l'Alsace, en seulement 11 heures. Des millions de logements se retrouvent privés d'électricité, des agriculteurs ont tout perdu en quelques heures, des centaines de maisons sont endommagées, des dizaines de pylônes sont au sol, pourtant construits pour résister à des vents jusqu'à 150 km/h. Cette fois, les journaux font la une sur la terrible tempête Lothar qui a ravagé la moitié de la France.

Personne ne se doute alors que Lothar n'est pas venu seul. Météo-France prévoit, ce même jour dans la soirée, l'arrivée possible d'une deuxième tempête aussi puissante que la première : « *Il y en avait même une troisième qui était visible mais qui, fort heureusement, a avorté en mer, car elle n'est pas passée sous le Jet ! Mais la deuxième est passée dessous... On allait donc avoir deux puissantes tempêtes en 48 heures ! Malgré tout, Martin a été mieux anticipée car elle a explosé en mer au sud-ouest de Brest et non sur Cherbourg comme la première* », raconte Joël Collado.

Le lundi 27 décembre – dans la nuit

L'alerte est lancée dans la nuit du dimanche au lundi mais tombe complètement à plat auprès du public encore sous le choc de Lothar. Tout le monde se concentre sur les dégâts provoqués par Lothar sans se douter qu'un monstre jumeau va de nouveau faire trembler la France.

Comment expliquer que deux tempêtes aussi violentes puissent se former à quelques heures d'intervalle ? Pour Joël Collado, le responsable est encore et toujours notre fameux Jet : « *Prenons l'exemple d'un tuyau dans une piscine, dans lequel on fait circuler de l'eau pour absorber les poussières profondes. Cela fonctionne exactement de la même manière. Ce* Jet-Stream *qui circule extrêmement vite est notre tuyau, les poussières sont les dépressions. Si l'une des poussières se fait aspirer par le tuyau/jet, sa pression chute brutalement et la rend explosive. Plus le jet est puissant, plus la dépression se creuse et devient violente.* » Et à ce petit jeu, c'est Martin qui va gagner face à Lothar. La seconde tempête est plus puissante mais ne touche pas les mêmes régions. Cette fois, c'est le sud du pays qui est concerné sur un axe partant de la Charente jusqu'en Savoie. Malheureusement, elle fera autant de victimes que la première. Au total, 91 personnes en France sont décédées. La plupart des accidents seraient dûs à des imprudences, la curiosité de voir de près ces événements météorologiques démesurés, de les filmer… L'extrême prudence face au déchaînement de la nature doit être prioritaire, on ne peut rien faire face à sa puissance.

L'après-tempête

Les terribles sœurs jumelles auront laissé derrière elles une pluie de records. La première, Lothar, a donné des vents moyens à 100 km/h et des rafales jusqu'à 173 km/h qui ont été relevées à Saint-Brieuc et à Solenzara le 26 décembre. Mais les deux jours suivants, la palme revient à Martin : en Charente-Maritime, les relevés sont impressionnants, 198 km/h à la Pointe-de-Chassiron mais aussi 194 km/h à Royan. Des vents équivalents à des cyclones.

Le saviez-vous ?
La naissance des vigilances

À la suite de Lothar et Martin, Météo-France met officiellement en place le système de vigilance que vous connaissez aujourd'hui. Il s'agit donc d'un système très récent, créé en 2001 pour 5 phénomènes dans un premier temps (vent violent, fortes précipitations, orage, neige-verglas et avalanches). Puis en 2004, ils ajoutent la canicule à la suite du terrible été 2003. En 2011, seront mises en place les vagues-submersion après le passage de Xynthia.

Et si des tempêtes comme Martin et Lothar devaient revenir en France aujourd'hui, pourrions-nous éviter la catastrophe d'il y a 20 ans ? Probablement… tout d'abord, d'immenses progrès ont été réalisés dans la modélisation mais, surtout, la méthode de prévision a changé ces dernières années, les météorologues utilisant à présent la méthode des probabilités. À l'époque, les modèles météorologiques tournaient une fois (on lançait une équation et on attendait le résultat) mais aujourd'hui ils tournent des dizaines de fois, afin d'obtenir différents scénarios possibles. Il est donc très probable que l'un d'eux soit le bon. Le talent du prévisionniste intervient à ce moment-là, car il doit faire un choix parmi toutes ces possibilités. Son expertise et son expérience font toute la différence pour affiner ses probabilités et sélectionner le scénario qui lui semble le plus envisageable. « *Après un événement comme les tempêtes du siècle, Météo-France essaie de refaire mathématiquement le scénario pour essayer de trouver des modèles qui les prévoient. Depuis l'apparition du modèle AROME, avec une échelle de 1 km, on peut voir des phénomènes importants qu'on avait pu laisser passer avant. La capacité des calculateurs permet aujourd'hui de faire de la prévision probabiliste, ce qu'on ne pouvait pas faire à l'époque.* » Une avancée possible grâce aux supercalculateurs dont dispose Météo-France. Entre 1992 et fin 2016, la puissance de calcul a été multipliée par plus de 2 500 000[5], un pas de géant ! « *Pour l'instant, il n'y a pas d'outils développés pour faire le bon choix. Cela reste humain et médian. On ne va jamais opter pour un scénario extrême alors que, peut-être, la solution c'est justement*

5. Selon les données de Météo-France.

l'extrême ! Comment faire un choix parmi X probabilités ? C'est encore quelque chose d'un peu flou dans la prévision... »

Martin et Lothar auront marqué à tout jamais les Français et auront permis de développer de nouveaux outils tant techniques qu'en termes de communication. En effet, des changements ont également eu lieu dans les médias. Vous l'aurez remarqué, aujourd'hui la météo prend une place de plus en plus importante dans les journaux. C'est devenu un domaine d'information à part entière, avec des spécialistes météo et climat au même titre qu'il existe des journalistes spécialisés en politique, économie ou consommation. Une incroyable évolution ces dernières années que j'ai pu personnellement constater. Un bond en avant, en l'espace de 20 ans, que Françoise Laborde explique ainsi : « *Tout d'abord, en quelques années, il y a eu des progrès importants en termes de prévision. Aujourd'hui quand on regarde un journal, on a les prévisions jusqu'à 7 jours, auparavant on connaissait le temps qu'il allait faire dans la journée seulement. Ensuite il y a les questions liées au climat qui ont beaucoup joué sur l'intérêt des journaux pour en parler. Enfin, l'arrivée des téléphones portables, avec la capacité de chacun de filmer, photographier, montrer des grêlons qui tombent dans son jardin ou des torrents de boue qui dévalent dans la rue, fait que l'on a des images que nous pouvons diffuser, ce qui n'était pas le cas avant. Il y a 20 ans, nous n'avions pas d'images, essentiellement parce qu'on envoyait les équipes de reportage trop tard. Quand il y a des épisodes météorologiques forts, les accès sont forcément très compliqués. Les équipes de tournage, y compris les correspondants sur place, arrivaient après les moments importants. Mais lorsqu'un événement majeur est prévu quelques heures ou jours à l'avance, aujourd'hui tout change. On peut pré-positionner des équipes sur place pour surveiller, attendre que l'épisode arrive. La démarche était différente à l'époque probablement aussi parce que les phénomènes météo étaient moins puissants. Après ces tempêtes, l'état d'esprit a changé : on a tous compris qu'on était passé à côté d'un événement majeur. Du coup, face à d'autres catastrophes, comme les inondations terribles dans le Gard en 2002, la mobilisation a été très grande. Aujourd'hui, grâce aussi à Internet et aux réseaux sociaux, on informe mieux des catastrophes : en 2004, avec le tsunami en Thaïlande ou avec la catastrophe de Fukushima en 2011, on a réalisé que les phénomènes climatiques et donc cette "météo" si familière étaient un élément majeur de l'information. On comprend que c'est un tout désormais, on montre aussi des gens dont la maison a été dévastée trois fois de suite parce qu'une fois c'est la pluie, une fois c'est le vent, l'autre fois c'est la grêle ou l'inondation, ça change beaucoup de choses.* »

Des années plus tard d'autres tempêtes s'abattront sur la France : Klaus et Xynthia. Cette fois-ci, les médias, les prévisionnistes et les alertes de vigilance seront en place pour couvrir ces événements qui vont devenir majeurs.

LES TEMPÊTES KLAUS ET XYNTHIA

Klaus, 24 janvier 2009

Alors que tout le monde pensait impossible une nouvelle tempête aussi violente, 10 ans après Lothar et Martin, Klaus va nous donner tort, le 24 janvier 2009. Cette nouvelle force de la nature va naître en quelques heures seulement. Contrairement au parcours de ses grandes sœurs, c'est le sud-ouest de la France qui est touché. Le système de vigilance de Météo-France, mis en place à la suite de Lothar et Martin, a été lancé : 9 départements ont été mis en vigilance rouge, ce qui est inédit. Les valeurs de vent sont spectaculaires dans de nombreuses régions avec des records : 191 km/h au cap Béar, 184 km/h à Perpignan ou encore 173 km/h à Biscarosse. Des vents d'une intensité rare mais aussi d'une longévité exceptionnelle, puisqu'ils ont soufflé sans interruption pendant près de 6 heures. Après le passage de Klaus, le constat est sans appel : cette nouvelle tempête a été plus destructrice que Lothar et Martin réunies. 60 % de la forêt des Landes n'a pas résisté à ces rafales dignes d'un ouragan de catégorie 2. Selon l'inventaire forestier national, en 1999 les tempêtes ont abattu 32 millions de m^3 de bois en l'espace de 3 jours, Klaus en aura fait tomber 45 millions en une journée seulement, dont 39 millions dans le massif des Landes, une situation totalement unique.

Tout le monde pensait impossible qu'un tel scénario se reproduise. Pourtant, après Klaus, les années qui vont suivre démontrent à quel point les tempêtes n'ont pas fini de gagner en puissance. Ce qui devait n'être qu'un cas isolé va devenir récurrent avec une nette accélération ces derniers années.

Xynthia, 27 et 28 février 2010

Un an seulement après Klaus, la Vendée a vécu un de ses pires cauchemars. Certes, Xynthia n'a pas été aussi exceptionnelle d'un point de vue météorologique que Martin, Lothar et Klaus. Son creusement n'était pas explosif mais plutôt classique, ses vents étaient violents mais sans commune mesure avec les valeurs proches des 200 km/h de ces 3 précédentes tempêtes. Mais Xynthia aura été la plus meurtrière à cause d'un facteur aggravant : les vagues-submersion.

Il faut savoir que la pression exercée par une dépression, mêlée aux forts vents associés, provoque une surélévation du niveau de la mer, que l'on appelle la surcote. Il s'agit d'un phénomène classique, mais qui a atteint une valeur totalement extraordinaire ce jour-là : la mer s'est élevée de 1,50 m par rapport à son niveau habituel à La Rochelle[6]. Xynthia est arrivée au pire moment qui soit, la pleine mer, avec un coefficient de marée très élevé. Les vagues se sont abattues sur tout le littoral et ont provoqué de terribles inondations.

Pour mieux comprendre, il faut savoir comment fonctionnent les vagues-submersion et les grandes marées.

Tout d'abord, la marée est le résultat de 3 interactions : celles de la Lune, du Soleil et de la rotation de la Terre. L'attraction de la Lune attire l'eau des océans qui forment alors un petit bourrelet – les marées dites statiques : c'est à ce moment-là que le coefficient de marée est le plus bas. Si la Terre, la Lune et le Soleil sont alignés, leurs forces d'attraction s'additionnent, ce qui donne des marées de vives eaux. Les grandes marées ont lieu lors de ces périodes avec un pic à l'approche de l'équinoxe de printemps.

Lorsque l'océan est à marée haute, il peut être influencé par ce que l'on appelle le coefficient de marée, qui provoque une surélévation du niveau de la mer. Au même moment, si une dépression se forme dans l'Atlantique, provoquant de fortes rafales de vent, ces vents soutenus vont ainsi former des vagues pouvant aller jusqu'à 8 m de hauteur.

6. Selon les observations réalisées par le SHOM, le Service hydrographique et océanographique de la Marine.

C'est cette combinaison qui va provoquer un risque de débordement côtier et d'inondation qu'on appelle vagues-submersion.

Voici donc le mécanisme de base, mais nombreux sont ceux qui se sont demandé pourquoi cette surcote a été si élevée et a même dépassé les prévisions initiales. Voici les raisons qui peuvent l'expliquer.

Tout d'abord, le vent a été particulièrement violent avec des rafales jusqu'à 160 km/h. Du fait que c'était la pleine mer, il a formé des vagues allant jusqu'à 7 m de hauteur. L'impact a été d'autant plus important que la direction du vent les a poussées tout droit vers les côtes vendéennes et charentaises. Le coefficient de marée a été l'élément le plus déterminant: il était de 102 ce jour-là, aggravant la surélévation du niveau de la mer. Un tel phénomène a seulement « *4 % de risque de se produire dans la vie d'une personne* », selon les experts, car il nécessite une concomitance millimétrée. L'océan s'est alors engouffré au cœur de nombreux villages et villes, comme à La Rochelle. Installés en bord de mer, et donc particulièrement vulnérables aux tempêtes, les villages de La Faute-sur-Mer et d'Aiguillon-sur-Mer seront les plus durement touchés.

Que s'est-il passé? comment expliquer un tel drame?

Plusieurs facteurs sont à prendre en compte. Ces deux villages ont été construits de chaque côté de l'estuaire du Lay. Comme nous l'avons vu plus haut, le niveau de la mer a grimpé jusqu'à 1,50 m de plus que la normale. Les vagues gigantesques se sont engouffrées dans cet estuaire. Trop petites et usées par le temps, les digues mises en place pour protéger la population n'étaient pas adaptées pour une telle hauteur et une telle puissance. À La Faute-sur-Mer, un quartier entier a été construit en dessous du niveau de la mer avec des maisons de plain-pied. Les terribles témoignages nous laissent sans voix: les habitants de ce village qui ont eu le plus de chance ont pu atteindre le toit de leur maison, mais d'autres ont dû se débattre avec des eaux froides pendant plusieurs heures. 29 personnes sont décédées à La Faute-sur-Mer dont une majorité dans ce quartier, rebaptisé après la tempête la "cuvette mortifère". Le lendemain, Xynthia partait en direction de l'est de la France avec des vents de 130 à 160 km/h avant de s'essouffler.

Des tempêtes sur terre aux tempêtes en mer

Les tempêtes sur terre sont d'une rare violence, nous venons de le voir à travers plusieurs exemples, mais qu'en est-il en mer? Comment gérer cette météo imprévisible lorsque l'on se retrouve sur les eaux? Comme cela a été démontré plus en amont dans ce livre, il est impossible de combattre le vent, il reste indomptable. Les grands explorateurs le redoutaient autant qu'ils l'utilisaient à leur avantage. Les navigateurs reproduisent aujourd'hui cet exploit en faisant du vent un allié lors de courses mythiques. Évoquer la tempête sans connaître la vision d'un marin est impensable. C'est pour cela que je vous propose de m'accompagner dans l'univers des bateaux à voile, celui où le vent est un moteur essentiel, où la météo devient un outil stratégique indispensable, et où le courage et l'humilité de ces célèbres sportifs en font un univers auxquels nous sommes tous très attachés.

François Gabart, un des navigateurs les plus doués de sa génération, qui a dû se confronter de nombreuses fois à la force des éléments, nous explique comment il utilise la météo dans ses périples en mer, et nous raconte de nombreuses anecdotes sur ses longues traversées face au vent. Jean-Yves Bernot, le maître des routeurs, nous ouvre quant à lui la porte de son poste hautement stratégique pour permettre aux navigateurs d'emprunter la meilleure trajectoire pour gagner. Il a travaillé notamment avec François Gabart sur la Route du Rhum en 2018, qui a connu des débuts mouvementés.

Au début de cette course, la situation météo est particulièrement complexe et, à quelques jours du départ, aucun modèle ne donne la même prévision. À ce moment-là, le cyclone Oscar perturbe les radars car il semble vouloir entrer dans la circulation classique de nos dépressions dans l'Atlantique. Encore puissant, il peut créer à tout moment des situations très instables sans que les routeurs puissent les prévoir. Tout le monde a encore en tête ce qui s'était passé en 2014 où les conditions météo étaient compliquées, à tel point qu'1/6e des participants avait abandonné dans les deux jours suivant le départ. Un départ de course peut être largement perturbé par une météo trop instable comme cela a été le cas pour la Transat Jacques-Vabre de 2013 : « *Le départ a été décalé de 3 jours à cause de vents trop forts qui ont empêché de prendre le départ dans de bonnes conditions de sécurité* », se rappelle François Gabart. « *Nos bateaux peuvent affronter des vents très forts mais ont une manœuvrabilité assez réduite dans certains endroits. Prendre le départ d'une course à proximité de la côte, sans avoir d'échappatoire possible, ça peut être dangereux.* »

Heureusement, le départ s'annonce bien plus calme que prévu pour la Route du Rhum, ce 4 novembre 2018, avec une simple brise et quelques rafales à 20 nœuds[7] maximum. La situation va se compliquer par la suite, au niveau du Finistère jusqu'au golfe de Gascogne, à cause d'une dépression qui va provoquer des rafales de vent allant jusqu'à 55 nœuds[8]. « *Quand vous avez 123 bateaux en mer avec de puissantes rafales de vent, la situation devient compliquée et dangereuse* », explique Jean-Yves Bernot

Le directeur de la course prévoit même une escale possible sans aucune pénalité, dans un rayon de 240 km, tant la mer s'annonce très agitée avec des creux entre 5 à 8 m de hauteur, « *Il y a eu de la casse sur les petits bateaux de moins de 40 pieds*[9]*. Un voilier de 12 m de longueur avec des creux de vague de 5 m de hauteur en Atlantique nord, ce n'est pas une plaisanterie. Le skipper et le bateau sont mis à rude épreuve. En course, on pousse parfois au-delà du raisonnable* », raconte Jean-Yves Bernot.

La sécurité des marins, même s'ils aiment aller au-delà des vents forts et du mauvais temps, est primordiale dans ce type de course. Aucun d'entre eux n'ira volontairement vers de grandes tempêtes ou dans une zone de vents violents. « *On joue toujours un peu avec les tempêtes* », se remémore François Gabart, « *elles peuvent même être positives si on peut rester à une distance raisonnable pour pouvoir gagner de la vitesse sans se retrouver dans la zone la plus soutenue.* » Le talent d'un navigateur et de son routeur est d'arriver à utiliser le vent même puissant à son avantage sans pour autant se mettre en danger. En compétition, chaque minute compte et cela demande une attention de tous les instants : « *En compétition, on flirte toujours entre le raisonnable et le déraisonnable. C'est mon travail en tant que routeur de trouver la limite et d'essayer de s'y tenir. C'est un milieu mouvant, qui change en permanence et donc cette limite n'est pas toujours facile à*

7. 37 km/h.

8. 100 km/h.

9. 12 m.

définir », précise Jean-Yves Bernot. « *C'est vrai que jusqu'à force 8-9*[10] *on fait de la course. Au-delà, on passe sous le régime sécurité en premier. On dit toujours : "Pour qu'un bateau gagne une course il faut déjà qu'il commence par arriver." Ça peut aider, n'est-ce pas ?* »

Une boutade qui en dit long. Le routeur a un rôle difficile et déterminant : non seulement il doit trouver la meilleure des trajectoires pour gagner, mais il doit également veiller à ne jamais mettre le navigateur qu'il assiste dans une situation effroyable. Le stress est parfois très prenant quand la situation devient explosive, le routeur vit au rythme de son skipper même depuis la terre. Il lui faut aussi savoir utiliser le vent au mieux pour la course : « *On essaie notamment de se placer devant des coups de vents puissants pour nous pousser* », nous confie-t-il. « *Il ne faut pas se tromper parce qu'il y a toujours le risque que la situation devienne catastrophique, à tout moment, et il faut être précis sur la trajectoire. On essaie de tirer parti le plus longtemps possible du mauvais temps. Après, il y a une limite où on débranche la prise compétition pour brancher la prise sécurité, et dans ce cas-là on change de méthode.* »

Après de tels échanges, on imagine facilement quelle incroyable complicité et quelle confiance doivent régner entre le marin et son routeur. Un lien puissant et indispensable vers le monde terrestre, qui brise aussi les moments de solitude, de fatigue et de peur que doit ressentir parfois le navigateur. Aujourd'hui, communiquer sans aucune difficulté est possible grâce aux liaisons satellitaires : « *J'ai un système équivalent à un WhatsApp*[11] », révèle Jean-Yves Bernot. Une véritable révolution car, à des époques plus reculées, il n'existait que la radio, ce qui complexifiait et raréfiait les échanges. Grâce à ces nouvelles technologies, il est en liaison permanente avec son poulain : « *Je sais ce qu'il fait toutes les 5 min via les données du bateau. La lecture des images satellitaires permet de préciser les conditions dans son environnement immédiat, c'est devenu très technique.* » Les informations

10. Selon l'échelle de Beaufort qui a réalisé une grille des vents utilisée par les marins pour définir la vitesse et les conséquences visibles en mer. Les forces 8 et 9 correspondent au "coup de vent" et au "fort coup de vent", une échelle allant de 60 à 90 km/h et pouvant donner des rouleaux et des grosses lames en mer. Au-delà, à force 10, c'est le stade de la "tempête".

11. Système de messagerie instantané que l'on peut utiliser via internet et les réseaux mobiles.

obtenues par chacun sont primordiales et complémentaires : du côté du routeur l'analyse via les satellites et la connaissance globale de l'environnement dans lequel le navigateur évolue, et du côté de ce dernier le retour terrain de ce qui se passe. « *Il faut apporter au routeur les informations dont on dispose à bord et qu'il n'a pas forcément à terre : l'observation directe du vent, l'analyse des nuages et de l'état de la mer, la couleur du ciel et des nuages, etc.* », détaille François Gabart « *Ces informations, lui va les mettre en perspective avec les données dont il dispose, pour mieux comprendre la situation météo globale.* »

La vie des marins est souvent semée d'embûches et de moments totalement imprévisibles. La technologie a beaucoup évolué ce qui leur permet, la plupart du temps, de prévoir des événements dangereux longtemps à l'avance et de trouver des solutions pour les contourner. C'est le cas par exemple des cyclones, que l'on perçoit extrêmement bien sur les images satellites : lents à se déplacer, ils sont faciles à éviter. D'autres, en revanche, donnent quelques sueurs froides, notamment les icebergs.

L'Afrique australe est un univers bien à part, avec ses eaux glacées et des icebergs qui se déplacent. Si, les plus imposants sont repérés aujourd'hui grâce aux satellites, les plus petits morceaux de glace ne sont pas visibles et peuvent causer des dégâts considérables. François Gabart se rappelle très bien la frayeur qu'il a eue en décembre 2017 lorsqu'il tentait le record du tour du monde à la voile en solitaire « *Il y a 2 ans, je me suis retrouvé nez à nez avec un iceberg, c'était impressionnant et effrayant.* » Avec ses 40 années d'expérience, Jean-Yves Bernot, qui était son routeur lors de cette course, ne peut que le confirmer : « *Les petits icebergs nous posent beaucoup de problèmes. Ils dépassent seulement de 5 m la surface de l'eau et pèsent quand même 1 000 tonnes. Ils font la taille d'une grosse maison, et pourtant on les voit à peine.* » Dans cette région du monde, la météo est parfois imprévisible, et Jean-Yves Bernot me conte une terrible anecdote : « *Avec Francis Joyon, dont je m'occupais pour un record de tour du monde, je me souviens de ce jour où j'ai dû lui annoncer pendant la nuit qu'il allait avoir 50-60 nœuds*[12] *de vent, 10 m de creux et de la glace à 200*[13] *milles dans le sud, et devinez quoi ? C'était en plus la veille de Noël !* »

12. 90 à 110 km/h.
13. 320 km.

Un moment fort et très dangereux qui lui a valu quelques nuits blanches et des bouffées d'angoisses, mais heureusement l'aventure s'est bien terminée: « *On s'en est très bien sortis parce qu'on a utilisé une technique de survie qui peut paraître violente mais qui fonctionne. On s'est mis très près du centre dépressionnaire, où il y a un peu moins de vent, et on a essayé d'aller à la même vitesse que lui pour tenter de ne pas se laisser rattraper par les vents plus forts. Cela demande une concentration du marin incroyable, il faut gérer aussi la peur...* »

Ces morceaux de glace gigantesques pourraient devenir très problématiques avec le réchauffement climatique. Avec des eaux plus chaudes, une majorité d'entre eux pourraient se décrocher de l'Antarctique et venir tourmenter les bateaux. « *C'est une certitude que les eaux de mer australes navigables aujourd'hui ne seront probablement plus accessibles de la même façon dans les années qui viennent* », analyse François Gabart. « *J'ai eu la chance d'y aller à deux reprises et je ne sais pas si je le pourrai encore dans 20 ans. Peut-être qu'on ne pourra plus passer par le cap Horn s'il y a trop de glace et, à l'inverse, probablement que d'autres zones de navigation vont s'ouvrir comme c'est déjà le cas pour le transport maritime au nord de la Russie. C'est évident que le domaine maritime évolue. Il est en mouvement constant.* »

La mer restera toujours un univers qui nous surprendra par sa puissance et sa beauté mais aussi par ses dangers et ses vulnérabilités, même si les grands explorateurs comme Christophe Colomb ont toujours tenté de les apprivoiser. L'étude de la météo devient un outil stratégique indispensable pour les anciens comme pour les plus jeunes navigateurs. Les tempêtes peuvent se lever à tout moment et envahir de doute le meilleur des marins. À quoi devons-nous nous attendre ces prochaines années, avec le réchauffement climatique, face à ces vents destructeurs ? Allons maintenant recueillir le point de vue de nos témoins et des chercheurs sur la question.

L'évolution des tempêtes face au réchauffement climatique

Au cours des dix dernières années, les tempêtes se sont succédé en France. Klaus en 2009, sur le sud-ouest de la France, et surtout Xynthia en 2010 ont fait de nombreuses victimes et dégâts. Les années suivantes ont aussi connu des tempêtes sévères : décembre 2011, Joachim avec ses rafales jusqu'à 190 km/h sur les caps exposés ; l'année suivante, Andrea avec des vents à 140-150 km/h à l'intérieur des villes du sud ; au moment de Noël 2013, Dirk a été lui aussi très violent, avec 150 km/h en Bretagne ; sans oublier Zeus, plus récemment en mars 2017, qui a généré des rafales de 190 km/h, Eleanor en janvier 2018 où l'on a atteint 134 km/h à Paris, Fionn le 17 janvier 2018 qui a battu tous les records avec 225 km/h au Cap Corse, du jamais vu depuis 1882.

Lorsqu'on observe la succession et la puissance de ces vents, nous sommes tentés de penser que le réchauffement climatique pourrait avoir une incidence sur leur force et sur leur nombre, voire changer leur trajectoire tant ils nous impactent fortement dans notre époque moderne. Mais qu'en est-il vraiment ?

Les marins font face aux éléments depuis toujours. Jean-Yves Bernot étudie la météo et la stratégie pour les courses depuis 40 ans, François Gabart a déjà réalisé deux tours du monde et de nombreuses compétitions dans des zones où le risque d'une bourrasque est important. Oscillant toujours entre sécurité et utilisation de la violence du vent, ont-ils vu des changements sur leur vigueur et leur fréquence ? Il est très difficile pour eux de donner un avis tranché sur la question : « *Même si je suis souvent en mer, et que je suis très attentif à ce qui se passe depuis quelques années, j'observe ces phénomènes ponctuellement et isolément, je ne suis donc pas en mesure d'affirmer ou d'infirmer une augmentation dans la force de ces phénomènes* », explique François Gabart. Un point de vue que partage Jean-Yves Bernot, en précisant que le changement climatique se met en place sur la durée, ce qui le rend difficile à observer d'un point de vue opérationnel : « *Je vois toujours passer des dépressions mais je n'ai pas la sensation qu'il y en ait plus ou moins. Le dérèglement climatique est assez lent pour que l'on ne puisse en voir les effets qu'à long terme. De plus, il existe une telle variabilité d'une année sur l'autre et même d'un mois à l'autre, qu'à notre échelle de temps, on ne peut pas le constater* », ce qui le rassure d'une certaine manière : « *Si on le percevait au jour le jour, cela signifierait qu'il est en train de s'emballer et ce serait extrêmement inquiétant.* »

Pourtant, leur ressenti n'est pas si éloigné de la réalité scientifique. En regardant de près les statistiques de ces 60 dernières années, nous ne pouvons pas mettre en évidence qu'il y a eu une augmentation du nombre de tempêtes, selon les analyses des chercheurs de Météo-France. Mais elles sont étudiées de manière très précise en métropole depuis seulement les années 80, les mesures de vent n'étant pas assez fiables avant cette période. Un retour en arrière de 40 ans est un laps de temps important pour nous, mais à l'échelle du climat c'est très court. Ce qui est déjà remarquable, c'est la variabilité d'une décennie à l'autre : l'activité des tempêtes a été plus forte dans les années 80, plus faible dans les années 2000. Ce fléchissement peut-il être dû au réchauffement climatique ? La question se pose encore pour les scientifiques. « *Quand on prend une série, on peut mettre en évidence une tendance mais de là à l'attribuer au changement climatique c'est compliqué, car il existe d'autres signaux de variabilité naturelle, décennale ou multi-décennale, qui vont venir accentuer ou s'opposer à une tendance de fond qui serait le réchauffement climatique anthropique. Ce sont deux choses différentes de détecter une tendance et de l'attribuer au déreglement climatique* », analyse Jean-Michel Soubeyroux, directeur adjoint de la climatologie à Météo-France.

Pour autant, un indicateur pourrait aider à comprendre cette tendance. Il s'agit du gradient méridional, c'est-à-dire la différence de température entre les zones tropicales et les zones polaires. Comme nous l'avons vu ensemble, les dépressions sont positionnées sur un rail qui leur permet d'emprunter presque à chaque fois le même chemin, le fameux courant-jet qui définit la route à prendre et la puissance des tempêtes. C'est lui également qui fait la séparation entre l'air polaire et l'air chaud des tropiques. S'il existe un dérèglement dans ces zones, le courant-jet sera donc directement impacté. « *Dans les moyennes latitudes, le vrai moteur c'est la manière dont la température de surface de la mer change quand on va vers le nord. Donc, de manière grossière, si le nord se réchauffe plus que le sud, on amenuise ce gradient* », explique Fabrice Chauvin, chercheur à Météo-France. Voilà une des clés pour comprendre cet affaiblissement, mais pour autant cette donnée est loin de faire l'unanimité.

Cependant, nous pouvons nous demander pourquoi les pôles se réchauffent plus vite. C'est tout simplement dû à la fonte des glaces de mer. La banquise est une étendue d'eau de mer gelée qui se forme en hiver, se divise en plaques l'été et reste en interaction constante avec le soleil. La glace étant blanche, elle réfléchit les rayons du soleil à 80 %, alors que l'océan, sombre, absorbe 3 fois plus de chaleur. Une mécanique naturelle qui se dérègle aujourd'hui. La banquise a perdu 40 % de son épaisseur et une surface de glace équivalente à 6 fois la France depuis 1979. La première conséquence de cette fonte est que la glace ne peut plus réfléchir le rayonnement solaire tandis que l'océan absorbe encore plus de chaleur. La hausse de la température près du pôle Nord est 2 fois plus rapide à l'échelle mondiale. L'océan est un vaste réservoir de chaleur, qui recouvre 71 % de notre planète, une véritable éponge qui capte le rayonnement solaire en grande quantité. L'augmentation des gaz à effet de serre crée un surplus de chaleur dans l'atmosphère. Dans ce cas, l'océan joue son rôle de protecteur et va pomper cet excédent à hauteur de 90 %. Résultat, la température des océans grimpe en flèche. En 40 ans, elle a gagné 0,44 °C en surface sur les 75 premiers mètres[14]. En se réchauffant, les molécules d'eau vont commencer à s'agiter, l'eau va donc se dilater et occuper un volume plus important, ce qui fait monter le niveau des océans.

Ce combat entre la hausse de la température des océans et la fonte des glaces, non seulement influence la fréquence des températures mais surtout va définir la trajectoire des tempêtes : « *Aujourd'hui, certaines études nous montrent que la réponse du rail des dépressions qui est le courant-jet, est une combinaison entre l'augmentation du* CO_2 *atmosphérique et la fonte des glaces* », relate Fabrice Chauvin. L'air chaud et l'air froid sont délimités par le *Jet-Stream* qui leur sert de couloir. Cependant, l'évolution vers le nord vient d'être remise en cause très récemment : « *Un des messages du précédent GIEC*[15] *en 2007 montrait ce décalage de leur activité vers le nord mais en fait il a été remis en cause dans l'exercice GIEC suivant, développé avec des modèles plus élaborés. Certains voient des évolutions vers le nord, d'autre vers le sud.* » Pour le moment donc, aucune certitude même si cette hypothèse reste la plus forte.

Après ces premières rencontres, deux grandes lignes se dégagent. Les tempêtes semblent être moins nombreuses ces dernières années et dans le futur elles pourraient davantage toucher le nord de la France, avec des conséquences sur nos célèbres vents régionaux autour de

14. Selon le 5e rapport du Giec.
15. Groupe d'experts intergouvernemental sur l'évolution du climat.

la Méditerranée, le mistral et la tramontane. « *Si les dépressions qui sont à leur origine passent plus au nord, elles pourraient ne plus les déclencher aussi régulièrement* », précise Samuel Somot, chercheur à Météo-France/CNRM. « *Le mistral et la tramontane naissent souvent d'une dépression positionnée soit dans le golfe de Gênes, soit au niveau de l'Allemagne. Ce sont ces positions qui vont faire circuler l'air en basse couche de manière à déclencher un effet canalisateur puissant dans la vallée du Rhône pour le mistral ou au niveau du seuil de Naurouze pour la tramontane. En termes d'évolution future de ces vents régionaux, les signaux sont vraiment faibles. Les études les plus récentes montrent essentiellement des changements d'intensité à plus ou moins 10 %, ce qui n'est pas très important.* »

Le saviez-vous ?
La formation du mistral

Le mistral se forme notamment lorsqu'une dépression se creuse dans le golfe de Gênes et qu'un anticyclone se positionne sur l'Atlantique. La conjugaison de ces deux phénomènes draine un flux de nord dans le sud-est de la France. Le Massif central et les Alpes forment un rétrécissement dans lequel le vent passe et s'engouffre en vallée du Rhône. Il s'accélère et devient de plus en plus fort en ressortant en basse vallée du Rhône.

Le saviez-vous ?
La formation de la tramontane

La tramontane se forme notamment lorsqu'un anticyclone est positionné aux alentours du golfe de Gascogne, et une dépression sur le golfe de Gênes. Ces deux éléments drainent un flux de nord à nord-ouest sur le sud-ouest du pays, qui se matérialise par un vent froid. Celui-ci s'accélère dans le couloir montagneux formé par le Massif central et les Pyrénées… pour mieux balayer les zones côtières du Bas-Languedoc et du Roussillon.

L'intensité des tempêtes est effectivement le dernier point à aborder, le plus crucial et important pour les populations qui subissent le déchaînement de leur puissance.

Au vu de tous les éléments que nous avons découverts ensemble, il n'y a aucun signal d'une aggravation, ni en termes d'intensité ni sur la force des vents les plus forts. Le message serait donc plutôt à la stabilité. Comment expliquer alors que des phénomènes aussi gigantesques que Martin et Lothar aient pu voir le jour ? Existe-t-il d'autres paramètres à étudier ?

Si ces tempêtes ont été, à juste titre, surnommées les "tempêtes du siècle", c'est parce qu'il a fallu un nombre incalculable de conjonctions pour qu'elles deviennent ces monstres puissants et dangereux. « *On parle de plusieurs siècles pour la durée de retour aujourd'hui. J'ai même lu des articles où certains affirment qu'il n'y en aura plus jamais* », concède Joël Collado, prévisionniste à Météo-France et voix de Radio France à l'époque des faits. Pour qu'elles se développent, il était indispensable que le *Jet-Stream* prenne une position qui plonge sur la France, à un moment de l'année propice aux tempêtes où de nombreuses dépressions lui tournaient autour, « *mais il y a très probablement un autre phénomène qu'on appelle la MJO (l'oscillation de Madden-Julian), une onde tropicale qui circule autour de la Terre avec une période cyclique d'une quarantaine de jours. Elle entraîne une augmentation des précipitations convectives là où elle se trouve* ». Il précise : « *Elle était 10 jours avant dans les Caraïbes, une position qui n'est pas la sienne en cette période de l'année. Là-bas, elle a entraîné beaucoup de précipitations et de libération de chaleur latente. Ce trop-plein de pluie a donné un surplus d'air chaud et d'énergie qui s'est confronté à l'air polaire classique. Tout est une question d'équilibre entre l'air chaud et l'air froid. Cette anomalie chaude a été probablement le déclencheur de la puissance du jet. Il est passé d'un jet normal à un jet anormal. La MJO est totalement passée inaperçue à l'époque.* »

Voilà donc un élément de réponse sur la puissance de ces tempêtes, mais l'étude de cette oscillation est très récente tout comme l'étude du *Jet-Stream*. Il est donc difficile de comparer et cela va demander un recul de plusieurs années pour en avoir la certitude. « *Est-ce que le changement climatique n'entraîne pas une activité plus importante de la MJO ? Si on a plus de réserves d'énergie, cela induit plus de précipitations, cela peut être une conséquence indirecte. Parce que l'eau de mer sera plus chaude, parce que l'atmosphère sera plus chaude, les précipitations convectives seront plus importantes. Tout est lié donc c'est difficile de dire oui ou non, mais c'est probable que l'influence du réchauffement climatique ne soit pas étrangère à leur violence* », précise Joël Collado.

Après toutes ces rencontres et ces explications, l'étude sur le lien entre le changement climatique et les tempêtes ne montre pas encore de signaux simples. À l'heure actuelle, Météo-France ne peut pas dire si elles seront plus nombreuses ou plus virulentes au cours de ce XXIe siècle. Cependant, des tendances se dessinent et des explications voient le jour au fur et à mesure de l'avancée des recherches.

Même si à l'heure où j'ai écrit ces mots on ne peut affirmer un quelconque lien avec le dérèglement du climat, il apparaît à travers plusieurs études que les tempêtes sont peut-être moins fréquentes mais toujours aussi intenses et qu'elles sont poussées vers le nord, mais cela demande encore confirmation avec les nouvelles recherches actuelles.

LA TORNADE, LE TOURBILLON QU'ON N'ARRÊTE PAS

Un des phénomènes qui nous fascine le plus est sans nul doute la tornade. Ce gigantesque tourbillon accroche notre regard dès sa formation et nous happe avec une force indescriptible. Il suit sa propre voie, parfois funeste, à travers nos contrées où rien ni personne ne semble pouvoir l'arrêter.

Comment se développe la tornade? Quels sont les événements les plus marquants de ces dernières années? Les puissants tourbillons américains pourraient-ils voir le jour en France?

Partons à la rencontre de différentes personnalités, scientifique, chasseur de tornades, météorologue, qui vont nous narrer des récits troublants et nous livrer de précieuses conclusions sur son évolution.

Les pluies d'animaux, mythe ou réalité?

Vous avez peut-être entendu les nombreuses histoires qui jalonnent nos époques anciennes et modernes sur de mystérieuses bêtes qui jaillissent du ciel par centaines. Ces récits sont-ils sortis tout droit de fantasmes populaires ou ont-ils une once de vérité? Figurez-vous que la nature nous apporte parfois des mystères fascinants. Comment expliquer que ces êtres de petite taille puissent tomber du ciel? Les pluies d'animaux, mythe ou réalité?

Depuis toujours, des histoires racontant ces pluies très particulières sont présentes dans les écrits. En Grèce antique, on relate ces phénomènes comme l'a écrit Athénée de Naucratis, un érudit et grammairien qui a vécu entre 170 et 223 après Jésus-Christ: « *Phanias au liv. 2 de ses* Prytanées *d'Erèse, rapporte qu'il plut des poissons pendant trois jours. Selon Phylarque, quelques personnes ont pareillement vu pleuvoir des poissons en plusieurs endroits; souvent du froment, et même des grenouilles. C'est ainsi qu'il plut dans la Péonie et la Dardanie une si grande quantité de grenouilles, qu'elles remplirent les chemins et les maisons, selon ce que dit Héraclide Lembos, liv. 21 de ses* Histoires[1]. » Nombreux sont ceux qui ont relaté les mêmes faits des siècles plus tard. Certains rapportent des pluies de souris en Norvège en 1578, d'autres des pluies de grenouilles dans le Massachussetts en 1953, mais plus récemment des cas ont surpris tout le monde. En juin 2009, au Japon, les rues sont inondées de milliers de têtards. Des pluies de poissons se sont abattues en Australie en février 2010. Une passante révèle la scène : « *Il pleuvait du poisson à Lajamanu jeudi et vendredi soir. Ils sont tombés du ciel. Les habitants les récupéraient partout sur le sol car ils étaient encore en vie. Dieu merci, il n'a pas plu de crocodiles* », précise-t-elle, encore sous le choc.

Des témoignages qui laissent peu de place au doute, tant ils sont nombreux. Pourtant, des images de ces petites bêtes au sol nous parviennent mais jamais au moment où ces animaux tombent du ciel. Les hypothèses les plus folles circulent à ce sujet. Certains pensent que ces créatures naissent dans les nuages et sont rejetées une fois qu'elles ont grandi, d'autres affirment qu'elles se téléportent. Plus étonnant encore, les extraterrestres nous enverraient des messages.

Il est vrai que les scientifiques ont mis du temps avant de s'intéresser à ce phénomène, mais une fois qu'ils ont étudié le sujet, des hypothèses beaucoup plus rationnelles voient le jour. Celle qui semble faire consensus aujourd'hui, même si elle n'explique pas toutes les zones d'ombre, c'est un phénomène météorologique bien connu : la tornade. Ce gigantesque tourbillon, lorsqu'il passe au-dessus des eaux, est appelé une trombe marine. Son mécanisme est le même, exerçant une puissante force d'attraction qui permet, grâce à ses vents verticaux et ascendants, d'aspirer toutes sortes de choses à l'intérieur de sa colonne d'air et d'eau, jusqu'à même les faire monter à son sommet, jusqu'au nuage. Imaginez son passage au-dessus d'une mare, d'un lac ou d'une quelconque surface d'eau, lors d'une période propice où têtards et grenouilles se regroupent à l'arrivée de la pluie. Si la tornade les survole à ce même moment, elle va alors les aspirer à son passage tout en continuant d'avancer. Lorsqu'elle perdra de

1. Selon son ouvrage *Le Banquet des savants.*

son intensité et que les vents s'essouffleront, les animaux seront alors projetés sur le sol, donnant le sentiment d'être tombés du ciel.

Une hypothèse qui tient la route. Tout d'abord, il s'agit toujours de créatures de petite taille et d'origine aquatique. En revanche, cela n'explique pas le fait que ces animaux soient systématiquement d'une même espèce. Jusqu'à aujourd'hui, une trombe marine ne peut en aucun cas choisir ce qu'elle prend dans ses turbulences. Elle devrait, au contraire, ramasser autant les grenouilles que les poissons de toutes sortes. Pourtant ce n'est pas le cas. Une explication serait que seul le regroupement d'une même espèce augmenterait les risques d'être pris dans les filets de ce tourbillon. N'oublions pas que ces petites bêtes sont souvent vivantes lorsque nous les retrouvons au sol, donnant l'impression que le transfert fut bref et rapide. Dans ce cas, nous pouvons envisager que la trombe marine les fauche alors qu'elle est dans sa dernière ligne droite. Jusqu'à aujourd'hui, personne n'a vu cette colonne d'eau en action, capturer la vie sur un étang et l'emporter dans les airs. Malgré tout, certains faits concordent avec sa jumelle, la tornade. Les vidéos, montrant voitures, maisons et même quelques animaux emportés jusqu'au sommet, sont nombreuses, ce qui conforte l'idée des scientifiques.

La trombe marine expliquerait donc ces spectaculaires pluies de poissons ou de grenouilles même si cela reste encore une simple hypothèse. Elle semble la plus plausible avec nos connaissances actuelles.

Qu'est-ce qu'une tornade ?

Tout d'abord, il convient de rappeler qu'il n'y a pas de tornade sans orage. Ce tourbillon de vent prend vie à la racine du roi des nuages, le cumulonimbus. Plus la cellule orageuse sera puissante et violente, plus le tourbillon le sera aussi. Cependant, Il faut des conditions très particulières pour la formation d'une tornade : de l'air froid en altitude, de l'air chaud au sol, et surtout un cisaillement des vents, ingrédient indispensable pour ce phénomène.

Pour bien comprendre ce qu'est le cisaillement des vents, il faut imaginer qu'en montant en altitude dans l'atmosphère, les vents, en fonction de chaque niveau, ont des forces et des directions différentes. Ce cisaillement va ainsi exercer une force à l'intérieur du cumulonimbus, en générant des petites rotations. Ces tourbillons vont alors rencontrer un autre élément clé, les vents ascendants : l'air qui s'élève à l'intérieur de ce nuage d'orage, développe une force qui va les redresser sur eux-mêmes en une sorte de ligne. Ces tourbillons vont créer un mouvement circulaire autour de cette colonne d'air. Il faut savoir que l'atmosphère n'aime pas le déséquilibre et fait alors son possible pour rééquilibrer les événements. Et lors de ce moment décisif du redressement, la force sera suffisamment importante pour développer un phénomène d'aspiration, attirant vers le bas ce mouvement rotatif. C'est à ce moment précis que le tuba se forme. Il ressemble à un petit entonnoir sortant tout droit de la base du nuage. Cet effet d'étirement du nuage va accentuer sa vitesse de rotation, à l'image d'un patineur qui rapproche ses mains au plus près de son corps pour aller encore plus vite lorsqu'il tourne sur lui-même. Pour qu'il se transforme en tornade, il faut alors que le tuba touche le sol, rejoignant ainsi le buisson composé de poussière et de débris que le tourbillon a créé. La tornade va ensuite tout prendre sur son passage lors de son déplacement, et engendrer un bruit assourdissant.

Le saviez-vous ?
La trombe marine

La trombe marine est le même phénomène météorologique que la tornade. Cependant, nous parlons de trombe marine lorsque les tourbillons se forment au-dessus de la mer ou d'une surface aquatique (mar, lac…), et de tornade lorsqu'ils se développent sur terre.

La taille des tornades peut varier de quelques mètres à plusieurs kilomètres, tout comme leur durée de quelques minutes à plusieurs heures. Ce sont, comme pour les autres phénomènes météo, des manifestations qui sont de faible ou de grande intensité selon les conditions atmosphériques au moment de leur formation. Leur trajectoire également peut prendre une tournure brève en balayant quelques mètres ou traverser des États entiers en parcourant des dizaines de kilomètres.

Le saviez-vous ?
L'échelle de Fujita

L'échelle de Fujita permet de connaître le degré d'intensité des tornades, celles-ci passant rarement devant les instruments de mesure. Cela permet de faire le lien entre dégâts constatés et rafales de vent estimées. Une échelle de Fujita améliorée a été mise en place en 2007 avec des intervalles différents[2]. EF0 correspond à des vents de 105 à 137 km/h qui occasionnent des dommages légers, jusqu'à EF5 et ses vents au-delà de 322 km/h et leurs dommages incroyables.

La prévision des tornades est très compliquée. On ne détecte pas encore toutes les données nécessaires. Les images des radars de précipitations indiquent une intensité et donnent un premier indice, mais généralement la population est prévenue seulement 15 minutes avant leur formation dans le meilleur des cas. La seule option, pour les centres de prévisions météorologiques, est d'anticiper les moments favorables à leur formation, mais cela ne signifie pas pour autant qu'elles apparaissent.

Malgré ce que l'on peut penser, il s'en forme régulièrement en France. Elles sont souvent de faible intensité et peuvent donc passer totalement inaperçues. Mais parfois, elles dépassent certains seuils et deviennent très violentes. Cela a été le cas à Hautmont dans le département du Nord en 2008, avec une intensité EF4 dont vous pourrez lire le récit dans les prochains chapitres. Le nord-ouest est probablement la région la plus touchée par ce phénomène.

Cependant, rien de comparable avec les Grandes Plaines américaines connues du monde entier pour leurs tornades gigantesques et très puissantes. Toutes les conditions sont réunies au centre du pays qui, à lui seul, en comptabilise 75 % au niveau mondial. Je vous propose d'en apprendre davantage sur ces monstres agités à travers l'incroyable série qui a touché ces régions en 2011.

2. Selon Météo-France.

L'épisode de tornades aux États-Unis, 2011

Nous sommes au tout début du printemps dans les Grandes Plaines des États-Unis. C'est la saison optimale pour la formation des tornades, comme chaque année, un phénomène naturel bien connu des Américains. Mais ce printemps 2011 va se révéler inhabituel, plus destructeur que jamais.

Entre le 25 et le 28 avril 2011, de violents orages se forment au-dessus de plusieurs États du sud, du Midwest et du nord des États-Unis. Ces supercellules vont engendrer de puissants tourbillons. Jusqu'ici, un cas de figure plutôt classique. Leur nombre en revanche devient inquiétant. Dès la journée du 25, en fin d'après-midi, on en recense plusieurs dont une poignée particulièrement intense. Dans la soirée, d'autres orages se forment, devenant toujours plus puissants, et touchent cette fois l'Arkansas. L'état d'urgence est déclaré dans la région avec des premiers rapports alarmants, donnant une largeur du tuba comprise entre 1 et 5 km de diamètre. Un monstre météorologique. Quatre personnes vont décéder des suites de son passage. Tout au long de cette première nuit, les tornades continuent de proliférer. Le lendemain, du Texas jusqu'au Tennessee, des dizaines se développent à leur tour, surprenant une population pourtant bien rodée à cette manifestation. La journée du 27 avril sera pire encore, battant le record historique de formation en 24 heures, jusque-là détenu par l'année 1974. On en recense 164 qui ont traversé 13 États.

Au total, en moins d'une semaine, 343 tornades se développent et prendront la vie de 324 personnes. Un tel bilan humain n'avait jamais été atteint depuis 80 ans. C'est une des pires éruptions de tornades jamais observées. Une quarantaine a atteint et/ou dépassé le niveau 3 sur l'échelle de Fujita, soit des vents supérieurs à 220 km/h. Une force des éléments inouïe. Les vents ne sont pas les seuls responsables des destructions et du nombre de victimes. Les tornades ont été accompagnées de violents orages, de grêlons parfois aussi imposants que des balles de tennis. Sans oublier les inondations, qui n'ont laissé aucune chance au cœur des villes. Ce fut d'ailleurs le principal problème de cette série. Au lieu de toucher des zones non peuplées, comme c'est souvent le cas, les tornades ont frappé de nombreuses villes pour la plupart densément habitées. C'est l'État d'Alabama qui aura payé le plus lourd tribut avec 228 victimes. Les dégâts sont considérables. On les estime entre 2 et 5 milliards de dollars. Des quartiers balayés, des camions ou des voitures aspirés sur des centaines de mètres. Les témoins comparent la destruction de leurs villes à l'explosion d'une bombe nucléaire. Depuis le début du mois d'avril, en recensant l'ensemble des épisodes tornadiques, le très scientifique Storm Prediction Center[3] en enregistre 880 sur le pays soit le double de la normale.

Après le passage de ces furieuses colonnes d'air, arrive un temps d'accalmie de quelques jours au tout début du mois de mai. Le calme avant la tempête… Car une nouvelle série de tornades encore plus violentes se prépare en secret.

La période du 21 au 26 mai 2011 restera elle aussi gravée dans les mémoires, tout particulièrement le 22 mai avec la formation d'un gigantesque tourbillon qui prend la direction de la ville de Joplin dans le Missouri. Cette tornade, qui se forme timidement, va rapidement gagner en intensité en traversant des zones rurales, emportant arbres et poteaux électriques dans son sillage. Elle commence alors à s'élargir et à gagner en puissance jusqu'à atteindre la catégorie maximale EF5 en frappant de plein fouet la ville de Joplin et ses 52 000 habitants. Tout le monde est pris de court par la violence du phénomène. Les sirènes retentissent dans toute la ville, les habitants se calfeutrent dans les caves pour se protéger de sa violence. Certains témoins disent qu'ils avaient l'impression d'entendre des dizaines de locomotives. Les images d'archives sont saisissantes, on y entend même des cris de terreur et d'hystérie. Tout le sud de la ville est rasé en l'espace de quelques minutes. Les maisons ne peuvent pas résister à des vents de 360 km/h. Manquant de "carburant" dans la ville, la tornade commence à perdre en intensité jusqu'à sa dissipation complète. Elle sera restée plus de 35 minutes au sol et aura parcouru une trentaine de kilomètres. Les trois-quarts de la ville ont été détruits.

Alors que les survivants sortent timidement des caves qui les ont protégés, ils sont confrontés à une véritable scène de guerre. Voici les mots de Tim Bartow, un rescapé qui a donné un témoignage poignant dans le documentaire *Les plus grandes catastrophes*

3. Centre de prévisions des orages aux États-Unis.

naturelles : « *Ma maison avait disparu et il y avait des débris d'autres bâtiments dans notre cuisine. On voyait des piles de débris avec un bras, une jambe qui dépassait. Presque toute la famille a fondu en larmes.* » La tornade de Joplin aura fait 158 victimes et 1 150 blessés. Elle figure parmi les 10 plus meurtrières des États-Unis et la plus coûteuse de l'Histoire avec des dégâts estimés à plus de 2,8 milliards de dollars.

En moyenne, les États-Unis « *enregistrent 600 à 700 cas de tornades d'intensité supérieure ou égale à EF1 sur l'ensemble du territoire chaque année* », précise le centre Keraunos. Au total, la saison 2011 va en recenser plus de 1 000, bien au-delà des moyennes. Cette année-là, ce phénomène météorologique aura fait couler beaucoup d'encre et mis à mal toutes nos certitudes.

La tornade d'Hautmont en France

Nous sommes le 3 août 2008, il est 22 h 30. Le ciel s'ennuage de plus en plus et les premières gouttes de pluie arrivent. Rapidement, ce sont des torrents d'eau qui vont s'abattre, accompagnés de puissantes rafales de vent. Soudain une tornade prend vie, qui se formera aussi rapidement qu'elle disparaîtra. Mais elle aura eu le temps, sur les 20 km de son parcours, de tout emporter sur son passage, laissant derrière elle 3 morts et des dizaines de maisons détruites. Retour sur la tornade d'Hautmont, le plus puissant tourbillon de ces dernières décennies en France.

Ce soir-là, une perturbation pluvieuse traverse le nord du pays mais celle-ci se renforce en prenant un caractère orageux aux alentours de 22 h. C'est lors de cette aggravation que de puissantes rafales de vent soufflent de façon dantesque et détruisent des maisons entières. Nul ne connaît à ce moment-là la dénomination de ce phénomène qui traversera sept communes dont Hautmont, Neuf-Mesnils et Boussières-sur-Sambre. L'observatoire Keraunos est parti sur le terrain pour recueillir des témoignages et la nature de ce qui s'y est produit. Emmanuel Wesolek, co-fondateur de Keraunos, se rappelle encore précisément l'impression forte que lui et son équipe ont alors ressentie : « *Ce qui a été le plus marquant, c'était cette vision de ville bombardée. D'autant plus que la région a connu cela en*

39-45. Toutes les personnes que nous avons interrogées et qui ont vécu la Seconde Guerre mondiale ont eu le sentiment de revivre une nuit de bombardement. Devant des maisons rasées jusqu'au fondement, on se rend compte que l'on est totalement impuissant. »

Les témoignages des habitants sont terribles : « *D'un seul coup, j'ai entendu comme un bruit d'avion qui rasait le sol, puis un nuage de briques a foncé sur moi. J'ai eu à peine le temps de m'abriter et tout a tremblé*[4] », leur raconte un voisin. D'autres ont eu une chance monumentale : « *Je suis allé à la fenêtre et j'ai vu un orage qui approchait, avec des éclairs en permanence, mais presque sans tonnerre. La pluie s'est mise à tomber puis un bruit terrible s'est fait entendre, comme un hélicoptère qui aurait volé au ras du sol. D'un seul coup, tout s'est soulevé dans un vacarme effroyable. Ma fille venait de quitter sa chambre à l'étage. À quelques secondes près, elle aurait pu être emportée avec la tornade. Tout s'est passé très vite* », se rappelle ce villageois très ému.

La violence du phénomène interpelle, mais est-ce réellement une tornade comme l'affirment les témoins ? Le travail d'enquête doit le déterminer. Mais par où commencer ? « *Par l'observation des dégâts : s'ils sont convergents ou pas, la façon dont les projections s'organisent et s'il y en a… Ce sont tous ces éléments qui nous permettent de déterminer si c'est une tornade* », nous explique Emmanuel Wesolek. En effet, certains types de vent peuvent induire en erreur, car ils sont parfois tout aussi puissants qu'une tornade « *Il y a deux familles de vents sous orage : la première, ce sont les vents ascendants, et le seul cas qui existe c'est la tornade et toutes ses variantes – trombes marines et tubas. La seconde, ce sont les vents descendants. Lorsqu'ils ont une forme relativement classique, on dit que ce sont des rafales de vents linéaires qui se propagent de façon généralisée sous une cellule orageuse. Dans certains cas de figure, elles sont très concentrées et violentes, et là on parlera de micro ou macrorafales, mais dans les deux cas le mécanisme est le même, on a une sorte d'effondrement du nuage d'orage vers le sol avec des vents qui peuvent dépasser parfois les 200 km/h. On parle de microrafales quand ces vents s'étendent sur moins de 4 km et de macrorafales au-delà.* »

4. Selon l'étude réalisée par Pierre Mahieu et Emmanuel Wesolek, fondateurs de Keraunos. Rapport de leur analyse terrain.

LE SAVIEZ-VOUS ?
La mini-tornade

Ces dernières années, un terme a envahi les médias, c'est celui de "mini-tornade". Il est utilisé comme un fourre-tout lorsque nous ne savons pas si c'est une tornade, une rafale linéaire ou bien une micro/macrorafale. Cependant, une mini-tornade, cela n'existe pas ! C'est une expression à bannir qui n'a aucun fondement scientifique. Soit c'est une tornade, soit ce n'en est pas une. Seules les enquêtes de terrain peuvent le définir.

Une fois que leurs investigations prouvent que c'est une tornade, le travail continue pour déterminer sa trajectoire et sa puissance. Pierre Mahieu, le co-fondateur de Keraunos, précise : « *On commence par la zone la plus touchée, là où les dégâts ont été les plus importants. À partir de ce point de départ, on remonte la ligne des deux côtés pour trouver le premier endroit où la tornade a touché le sol et le moment où elle a quitté son contact.* » Il leur aura fallu près de 3 jours d'analyse sur le terrain pour comprendre le chemin qu'avait parcouru ce tourbillon fou et définir sa vitesse. Cependant aucune mesure ne peut les aider pour le déterminer, seule l'analyse minutieuse des dégâts constatés peut les orienter. C'est l'échelle de Fujita – fonctionnant comme l'échelle de Beaufort pour les vents – qui les aidera à faire le lien entre la force de la tornade et les dégâts observés. Le constat est sans appel, les vents ont probablement atteint les 300 km/h sur la zone où l'impact a été le plus violent.

Lorsque nous lisons le rapport d'étude de cette tornade, réalisé par les équipes de Keraunos, on se rend compte que les dégâts ont été considérables en un minimum de temps. Sa course folle aura duré 14 minutes en parcourant précisément 18,7 km, le tout à une vitesse moyenne de déplacement de 80 km/h. Les ravages sur place sont terribles. Tout le monde a en tête l'image de ces arbres centenaires qui ont traversé des jardins sur plusieurs dizaines de mètres, ces maisons totalement rasées, ces camions retournés. Le bilan fait état de 3 morts, 18 blessés dont 4 grièvement, et près de 1 000 habitations endommagées. « *Cette tornade fait partie des plus puissantes de ces 50 dernières années, mais ce n'est pas la plus intense qu'ait connue la France. Celle de juin 1967 dans le Pas-de-Calais et celle de 1845 en Seine-Maritime ont été toutes les deux de catégorie 5 sur l'échelle de Fujita. Les tornades d'intensité 4 comme celle d'Hautmont, il y en a eu une quinzaine seulement recensées ces 250 dernières années* », conclut Pierre Mahieu.

Même s'il n'est pas impossible qu'une tornade touche une nouvelle fois Hautmont, le risque est malgré tout très faible. Les habitants l'ayant vécu s'en souviennent encore aujourd'hui, et elle continuera de les hanter longtemps. La tornade fait partie de ces phénomènes météo où l'on comprend que l'on ne peut rien faire face aux éléments.

Les tornades, entre fascination et danger

Lorsque nous évoquons les tornades aux États-Unis, il y a un nom qui revient souvent, la "Tornado Alley[5]". C'est une zone du centre des États-Unis qui s'étend du Texas, à la frontière mexicaine, jusqu'au Dakota du Sud. Là-bas se forment des orages supercellulaires puissants, qui durent très longtemps et apportent des vents violents vers le sol. Ce sont eux qui sont à l'origine des tornades.

Jay Trobec, chef météorologue et journaliste météo pour la chaîne de télévision américaine Kelo-TV, nous en dit plus : « *Il existe trois ingrédients qui produisent des supercellules et, par extension, des tornades. Tout d'abord l'humidité, qui provient d'un air instable près de la surface de la terre. Puis de l'air froid en altitude, de sorte que l'air chaud et humide puisse se développer et provoquer la croissance des orages. Enfin le cisaillement du vent est essentiel, il change de direction et de vitesse à mesure que vous montez dans l'atmosphère.* » Des orages supercellulaires, nous en connaissons en France, parfois même des tornades de faible intensité se développent mais rien de comparable avec ce que connaissent les États-Unis. Comment expliquer leur puissance, leur étendue, et le fait qu'elles se développent généralement dans ce secteur très particulier de la Tornado Alley ? Jay Trobec, qui connaît bien cette région, nous donne des éléments de réponse : « *Dans la Tornado Alley, de l'air chaud et humide remonte*

5. L'allée des tornades.

du golfe du Mexique jusqu'au nord des États-Unis. Lors de son arrivée dans les régions les plus centrales, il va se heurter à d'autres vents forts d'altitude. Des flux secs orientés ouest qui viennent des Rocheuses mais également de l'air froid du Canada. C'est la seule région au monde où trois masses d'air entrent en conflit. Ensemble, elles produisent des supercellules qui donnent naissance à de gigantesques tornades. » Ce conflit se produit lors d'une période propice à de telles différences de masses d'air, le printemps. C'est un véritable réservoir d'énergie qui génère des situations parfois explosives et démultiplie les zones à risque. « *Au cours des dernières années, il est devenu évident que la "Dixie Alley" est plus susceptible de provoquer des tornades* », nous précise-t-il. Cette région est située plus à l'est, contrairement à sa grande sœur la Tornado Alley, plus au centre.

Ces lieux sont célèbres dans le monde entier et attirent chaque année des centaines de personnes qui espèrent observer ces monstrueux tourbillons. Ces passionnés qui parcourent les États américains, ce sont les chasseurs de tornades. Pour comprendre comment s'organise un périple, je suis allée à la rencontre de Québec Vortex - Hydro Météo, une entreprise qui regroupe des férus de ce phénomène. Jean-François Massicotte, son fondateur, a accepté de nous ouvrir les portes de son univers et de nous conter ses nombreuses aventures.

Tout commence en ciblant la bonne période pour aller à la découverte des tornades. « *L'étape préparatoire démarre plusieurs journées avant la chasse, sauf exception, selon les prévisions météo. On a accès aux mêmes outils que des météorologues professionnels, et on s'en sert pour préparer nos propres prévisions car nous devons cibler une zone qui sera propice à la formation des tornades. Nous utilisons des prévisions à long terme qui nous indiquent déjà une période, puis on affine les jours suivants avant de prendre la décision d'y aller. Nous sommes au Québec, donc pas sur place, nous devons prendre le risque à chaque fois d'un changement de prévision la veille pour le lendemain. Cela nous est déjà arrivé d'avoir ciblé la bonne région, puis une fois sur le terrain il ne s'est rien passé. La météo n'est pas une science exacte.* » Les États-Unis sont des régions propices au développement des tornades, nous l'avons vu plus haut. En moyenne, il se produit 3 à 4 événements par semaine, donc lorsque ces passionnés partent en chasse, ils s'attendent à avoir 5 à 6 jours continus de fortes activités. Mais pour tenir aussi longtemps, il y a plusieurs choses à prévoir. « *Tout d'abord, on emporte le nécessaire pour filmer et photographier les tornades avec les batteries et les trépieds. Comme on n'habite pas dans cette zone, on n'a pas notre propre voiture équipée avec tout le matériel. On doit donc apporter le minimum de choses et louer une voiture sur place. En plus de l'équipement visuel, il nous faut nos ordinateurs et tablettes pour suivre la trajectoire des supercellules, mais également du matériel pour obtenir un signal téléphonique, car dans les plaines américaines il n'est pas toujours bon. C'est à la fois pour notre sécurité mais également pour recevoir les informations météo à toute heure de la journée et de la nuit. Pour le reste, c'est notre expérience. Être chasseur de tornades, c'est à la fois des connaissances en météorologie mais aussi la gestion du territoire où nous nous trouvons.* »

Ils partent alors pour les Grandes Plaines américaines, le lieu le plus propice pour chasser ce type de tempêtes. Le réseau routier étant très développé, à chaque kilomètre il y a de nouvelles routes, ce qui facilite donc les déplacements. Des conditions optimales pour ces passionnés. Puis arrive le moment où la chasse commence : « *Une fois sur place, il reste quelques heures pour vérifier que la météo évolue comme on l'a prévu. Puis on peut voir à l'œil nu les cellules qui sont en train de se former, et on peut évaluer leur puissance.* » Une aventure qui peut s'avérer dangereuse mais ce ne sont pas les tornades elles-mêmes qui inquiètent Jean-François Massicotte : « *Malgré ce que l'on peut penser ce ne sont pas les tornades qui m'ont causé ma plus grande frayeur mais la foudre. Cela peut paraître anodin mais c'est le seul risque auquel on ne pense pas. Les gros grêlons, on peut toujours se protéger dans la voiture, les vents violents on s'y attend aussi, la tornade, si elle est visible, on est capable d'éviter sa trajectoire, et si elle ne l'est pas on sait se placer dans un endroit où on ne court aucun danger. Alors que la foudre, elle peut frapper n'importe où, n'importe quand, elle est imprévisible. Cela nous est déjà arrivé qu'elle frappe juste à côté de nous.* »

Malgré le danger, la récompense est magnifique lorsque ce grand tourbillon s'approche d'eux, puissant et impressionnant. « *Les tornades sont facilement prévisibles. On peut savoir à l'avance si leur déplacement sera rapide car cela dépend de la puissance des vents en altitude, on peut donc adapter notre chasse en fonction. Nos plus belles photos de tornades, c'est lorsque le déplacement était lent. La tempête suit les lois de la physique ce qui nous permet de bien la suivre et de la comprendre.* » Une aventure en particulier a marqué Jean-François Massicotte : *« Mon plus grand souvenir remonte à 2016 où une seule cellule a produit 13 à 14 tornades en seulement 1 heure et demie, de toutes les formes imaginables, de toutes les sortes, on a tout eu en une seule tempête. C'était une belle surprise car on ne s'attendait pas à ce qu'elle en développe autant. On ne sait pas aujourd'hui pourquoi certaines cellules ne développent qu'une tornade et d'autres plusieurs. C'est souvent dû à des conditions locales très particulières que l'on ne peut pas prévoir. À chaque fois, il y a un facteur chance, c'est la part de mystère… »*

Cette part de surprise et les poussées d'adrénaline face à ces majestueuses tornades rendent chaque chasse différente. Une passion dévorante pour ceux qui la pratiquent et qui nous permet d'observer de sublimes images grâce à leur talent.

Il est vrai que lorsque nous parlons de ces incroyables tourbillons, nous pensons à leur forme la plus classique, mais il en existe d'autres tout aussi fascinantes.

Le tourbillon de poussière

Le plus connu est le tourbillon de poussière car il se forme régulièrement. Vous avez pu l'apercevoir si vous avez déjà voyagé dans des régions désertiques. Le "Dust Devil[6]", comme on le surnomme, ne cause presque jamais de dégâts, car il est moins violent que la tornade. Pour se former, il a besoin d'un air chaud, sec et instable. La différence entre la température en altitude et au sol doit être très importante. L'air va alors entrer en rotation et soulever sur son passage la poussière ou le sable présent au sol. Ces particules vont suivre la trajectoire des vents et prendre la forme du tourbillon. Une différence notable avec sa grande sœur la tornade, c'est le beau temps. Lorsque ce phénomène se développe, tout part du sol et non d'un nuage d'orage. Son diamètre peut varier de quelques centimètres à plusieurs mètres, et il ne dure généralement que quelques secondes ou minutes. Sa hauteur peut tout de même atteindre des centaines de mètres. Il s'en produit régulièrement en France, notamment sur des champs labourés.

6. Diable de poussière.

Le saviez-vous ?
***Les tourbillons de Mars*[7]**

Il n'y a pas que sur Terre que se développent des tourbillons de poussière. Mars, la planète rouge, en génère également. Des chercheurs ont même calculé leur nombre : il pourrait s'en produire 145 millions par jour ! En moyenne, ils feraient 13 m de diamètre. C'est le petit rover Curiosity qui a initialement filmé ce phénomène, mais les premières photos datent des deux atterrisseurs Viking en 1970.

Le tourbillon de feu

Lorsqu'un incendie se déclare, des colonnes de feu se forment parfois dans les flammes. C'est un phénomène très rare, car sa formation dépend de conditions très particulières. Comme pour d'autres, la différence de température entre le sol chaud et l'air froid en altitude doit être importante. C'est une condition indispensable, car c'est cette différence qui permet de déclencher le mouvement de rotation. Dans ce cas précis, l'air froid va littéralement aspirer les flammes et l'air qui l'entourent et s'enroulent, emportant au passage la fumée, les braises et les cendres. Ce mécanisme fait que ce tourbillon de feu se régénère tout seul. Il faut que la température au sol soit vraiment extrême pour que cela puisse se produire. Ces tornades de feu apparaissent toujours par surprise et attisent les flammes au sol en injectant de nouvelles sources d'oxygène provenant de l'atmosphère. En se déplaçant, elles peuvent également créer de nouveaux départs d'incendie. Rappelez-vous la colonne de feu en septembre 2018 aux États-Unis dont nous avons beaucoup entendu parler. Un pompier avait filmé la scène, la vidéo était devenue virale et partagée dans le monde entier. On voyait s'élever la colonne à 60 m et aspirer la lance à incendie dans son vortex. Le pompier avait alors été obligé de la lâcher à cause de la puissance trop forte que le tourbillon exerçait. La lance a été aspirée à plus de 30 m avant d'être détruite. Le tourbillon

7. Données selon la publication scientifique des américains Brian Jackson, Ralph Lorenz et Karan Davis intitulée : *Framework for Relating the Structures and Recovery Statistics in Pressure Time-Series Surveys for Dust Devils.*

de feu a même projeté, pendant près de 45 minutes[8], des bûches enflammées qu'il avait capturées en se déplaçant. Ce type de tornade peut être dévastateur et très dangereux.

Le tourbillon de neige

C'est un phénomène très rare qui se produit bien évidemment en hiver. Ouvrez les yeux lors de vos prochains séjours à la montagne, car il peut se produire en France. Cependant, les cas se comptent sur les doigts d'une main car il est très difficile d'obtenir une différence importante de température entre l'air au sol et en altitude dans ce cas de figure. Sa formation reste à l'heure actuelle assez mal connue mais selon les dernières recherches, il se développerait sous des conditions lumineuses, dans un ciel bien dégagé, et cette fois, serait dû aux vents contraires présents entre les reliefs, qui s'entrechoqueraient et gagneraient ainsi en puissance. Cette lutte et cette convergence obligeraient les vents à se soulever et, en s'élevant, ils emporteraient avec eux de la neige. Les tourbillons de neige sont malgré tout de faible intensité contrairement aux autres tourbillons.

Les tornades face au réchauffement climatique

Le phénomène des tornades intrigue bien plus d'une personne. Leur étude étant relativement récente, il est en effet difficile de bien connaître l'intégralité des conditions nécessaires à leur formation. Pour autant, des questions se posent naturellement sur leur développement face au dérèglement climatique.

Jean-François Massicotte, fondateur de Québec Vortex et chasseur de tornades expérimenté, part donc à leur rencontre lors des périodes favorables. D'un point de vue opérationnel, il constate quelques changements ces dernières années : « *Depuis 2 ans, je me suis rendu compte que les tornades étaient un peu plus faibles en intensité. Cependant, on ne peut pas dire aujourd'hui s'il y en a davantage ou si elles se développent dans d'autres lieux. J'ai la sensation qu'il y aura plus de saisons moins productrices de tornades et que, de temps en temps,*

8. Source : article de l'AFP.

nous aurons une saison très prolifique à cause de ces changements. » Un point de vue que confirme Jay Trobec, chef météorologue et journaliste météo pour la chaîne de télévision américaine Kelo-TV : « *La tendance de ces dernières années indique plutôt une diminution du nombre de tornades, mais avec une variabilité naturelle qui restera très importante.* » Cependant, il met l'accent sur le fait que les observations de ce phénomène restent très récentes : « *Il y a 30 ans, aux États-Unis, personne ne les observait ni ne les recensait car elles touchaient des zones qui n'étaient pas habitées. Aujourd'hui, avec l'étalement urbain, une même tornade va toucher des zones peuplées. Cela donne le sentiment qu'elles sont plus nombreuses et puissantes parce qu'elles gravitent autour de nous.* »

En France, l'observatoire des tornades, Keraunos, étudie ce sujet de près et explique également ce problème de recensement du phénomène : « *Avec le temps, le fait que de plus en plus de personnes les filment implique mécaniquement une augmentation de leur nombre recensé. Ce que nous essayons de faire, c'est de corriger les anomalies d'observation du passé et d'élaborer une équivalence climatique par rapport à aujourd'hui. Nous pouvons le faire dans les cas des tornades de forte intensité notamment, afin de vérifier si elles augmentent, diminuent ou se stabilisent dans le temps* », explique Pierre Mahieu, un des co-fondateurs de Keraunos. Pour lui c'est le critère le plus objectif existant sur le long terme car ces phénomènes exceptionnels ont été le plus souvent relatés dans la presse depuis le XIXe siècle, contrairement aux tornades de faible intensité qui ne faisaient pas vraiment la une de l'actualité en raison des dégâts mineurs voire inexistants qu'elles provoquaient. « *Si on regarde les cas de tornades d'intensité EF2 et plus, depuis le* XIXe siècle, *il n'y a aucune évolution de leur fréquence en France. Même si aujourd'hui nous en parlons davantage, statistiquement, il n'y a pas de changement* », précise Emmanuel Wesolek.

Selon l'OMM[9], le climat s'étudie sur une période de 30 années consécutives. C'est seulement depuis 2010 que nous avons les mêmes moyens technologiques qu'aujourd'hui pour les étudier. Résultat, il nous faudra attendre la fin de la décennie 2030 pour obtenir une

9. L'Organisation météorologique mondiale, un organisme des Nations Unies qui fait autorité pour les questions relatives au temps, au climat et à l'eau.

vision réelle de la situation et apporter les premières réponses. « *Nous pouvons malgré tout noter que les années 2016, 2017 et 2018 ont été exceptionnellement chaudes. Pour autant l'année dernière, il n'y a jamais eu si peu de tornades en France en dehors des régions méditerranéennes* », souligne Pierre Mahieu. « *Ce constat démontre que la chaleur ne suffit pas à former des tornades. Aux États-Unis également, ces dernières années, leur nombre était exceptionnellement bas. En ressortent deux éléments importants : d'une part les orages ne donnent pas à chaque fois des tornades, et d'autre part celles-ci répondent à un mécanisme très particulier nécessitant un apport d'air froid. On peut être amené à penser que si on a moins d'air froid, on a potentiellement moins de tornades. Il existe plusieurs pistes intéressantes qui montrent que le réchauffement climatique peut éventuellement avoir un impact, mais il n'existe aucune certitude.* »

En ce qui concerne les trombes marines, le signal est encore plus faible car il existe très peu de données sur leur formation dans les décennies passées. « *C'est très difficile de les quantifier. Contrairement aux tornades terrestres, elles ne font jamais, ou presque, de dégâts. Le recensement est donc très partiel* », clarifie Emmanuel Wesolek. « *Il y a un nombre important de trombes marines qui nous échappent. La seule certitude que nous ayons, c'est la situation la plus propice à leur formation : une irruption d'air froid massif au-dessus d'une mer relativement douce. Les descentes d'air polaire assez marquées, que ce soit en Manche ou en Méditerranée, sont un élément indispensable. Si nous gardons en tête ce facteur, même si l'atmosphère se réchauffe, cela ne donnerait pas davantage de trombes marines.* »

En poussant cette idée, il est vrai que depuis 2 ans, en Méditerranée, ce type d'intrusion d'air polaire a été répétitif. Un certain nombre de tornades se sont régulièrement formées grâce à cette situation propice. C'est d'ailleurs presque uniquement dans cette zone que Keraunos a noté l'intégralité des tornades françaises en 2018.

La France fait partie des régions du globe régulièrement exposées au risque de tornades. Elles sont en général peu intenses et peuvent passer totalement inaperçues. En revanche, elles déploient parfois une grande puissance comme cela a été le cas à Hautmont en 2008. Ce risque est bien présent et le sera toujours. Malgré les idées reçues, ce ne sont pas seulement les États-Unis qui les abritent. « *Il y a des cycles climatiques. Nous aurons des périodes avec un nombre conséquent de tornades et d'autres moins. C'est très variable d'une année sur l'autre mais également d'une décennie à l'autre »*, nuance Pierre Mahieu. *« Par exemple, dans les années 60 en France, une des décennies les plus froides de ce demi-siècle, il y avait au moins une fois par an une ou deux tornades d'intensité EF3, EF4 ou EF5 selon l'échelle améliorée de Fujita. Imaginez si cela se produisait aujourd'hui, ce que nous dirions à ce sujet… À l'époque, de nombreuses catastrophes étaient liées à ce phénomène. Nous n'avons plus jamais retrouvé cette occurrence. Cet exemple démontre qu'il existe des périodes plus propices que d'autres à leur formation. »*

Les tornades sont-elles affectées par le réchauffement climatique ? Au vu des données actuelles, les scientifiques ne peuvent rien confirmer à ce sujet. Il existe seulement des hypothèses de travail qui indiquent qu'elles pourraient, dans l'avenir, baisser d'intensité si elles ont moins d'apport d'air froid avec l'augmentation des températures. Leur fréquence semble également s'être stabilisée par rapport aux statistiques passées, en France, mais tendent en revanche vers une diminution aux États-Unis. Cependant, aucune étude n'existe aujourd'hui pour le confirmer. La connaissance de ce phénomène, avec les bons outils technologiques, est extrêmement récente. Il faudra attendre encore une quinzaine d'années pour espérer obtenir les premiers résultats concernant leur évolution. Notre sentiment d'intensité et de fréquence, par rapport au siècle dernier, relève surtout d'une réalité : il y a davantage d'humains sur leur chemin.

LA CANICULE, UN PHÉNOMÈNE AUX MULTIPLES FACETTES

Coup de chaud, vague de chaleur, canicule, autant de termes qui montrent à quel point ce phénomène est complexe et multiple. Ces dernières années, la douceur a fait place à une chaleur intense, torride, parfois difficile à supporter, pouvant mettre en danger notre santé.

Comment se développe une canicule ? Les villes seront-elles obligées de se transformer ? Devons-nous craindre des vagues de chaleur de plus en plus intenses ?

Partons à la rencontre de différentes personnalités, scientifique, architecte, maire, chercheur, qui vont nous relater leurs dernières recherches concluantes sur ce sujet.

1967 : LA CANICULE DE DETROIT, UNE POUDRIÈRE

« *4 jours d'émeutes ont déchiré la ville de Detroit au cours de la pire éruption de violence raciale de cette année. Des quartiers entiers ont été incendiés. 36 morts, 2000 blessés et un demi-milliard de dollars de dégâts. Le gouverneur Romney a décrété l'état d'urgence et demandé le renfort de troupes fédérales et de parachutistes. Les industries et les usines sont sérieusement touchées. Un couvre-feu a été décrété à Motor City.* » Voici les mots des journaux d'information qui évoquent le terrible soulèvement qui a eu lieu à Detroit en 1967, au tout début du conflit car ces chiffres se sont malheureusement aggravés les jours suivants. Des émeutes dues à un conflit racial entre Noirs et Blancs qui durait depuis de nombreuses années, mais où la chaleur étouffante et écrasante de cet été-là a servi d'étincelle.

À cette époque, Detroit est la 5e ville des États-Unis, capitale de l'automobile, mais des tensions raciales et économiques obscurcissent ce tableau qui semble idyllique. Alors que la ville est en pleine expansion et que l'industrie se développe, elle accueille de la main d'œuvre venue de tous horizons et de nombreux immigrants. Cependant, la population de la ville ne voit pas forcément ces arrivées massives d'un bon œil. Même si la cour suprême en 1948 décrète anticonstitutionnel le fait d'interdire aux Noirs certains logements, plusieurs quartiers de la ville à majorité blanche font clairement comprendre que cela leur importe peu. Les tensions sont palpables, des plaintes sont déposées, des batailles sont menées. Nombreux sont ceux qui décident de quitter la ville, une majorité de Blancs et des Afro-Américains également.

Arrive ce week-end des 22 et 23 juillet 1967, dans un climat où les tensions sont à leur paroxysme. La température y est particulièrement chaude et lourde, il fait 40 °C sous abri. Alors que la nuit est torride, les policiers font une descente dans un bar clandestin de la ville ouvert après les heures autorisées, et où se retrouvent les Afro-Américains alors chassés des bars légaux tenus par les Blancs. Cette fois, les arrestations sont très musclées, beaucoup plus que d'habitude, et les forces de l'ordre obligent ces clients à rester dehors dans une chaleur accablante pendant des heures. Une nuit étouffante qui exacerbe les passions et déclenche une violence qui ne cessera de s'intensifier.

Plus la température est élevée, plus nous devenons violents. Les scientifiques américains à l'origine de cette étude, dont Solomon Hsiang, ont réalisé des dizaines de travaux dans différents secteurs comme la politique ou l'économie. Ils ont abouti au constat que les violences criminelles, comme les agressions ou les meurtres, sont plus fréquentes quand la température augmente, et ils donnent des chiffres précis : « *À chaque degré supplémentaire vers des températures plus chaudes, la fréquence des violences entre personnes augmente de 4 %, et celle entre les groupes s'accroît de 14 %.* » L'auteur de ces travaux, qui a échangé avec les journalistes de l'AFP[1], poursuit son discours : « *Nous pensons que les effets que nous avons recensés sont suffisamment importants pour que nous les prenions au sérieux, et que nous nous demandions si ce que nous faisons ou pas aujourd'hui peut avoir une influence sur le degré de violence du monde de nos enfants demain.* » Une question que se pose le scientifique par rapport au réchauffement climatique. La chaleur nous rend également très irritables

1. Agence France Presse.

et des actions à notre encontre, que nous prendrions avec recul dans un contexte de douceur, peuvent prendre des dimensions tout autres lors d'une canicule. Voilà donc ce qui explique que, ce soir-là, la descente dans ce bar à Detroit, plus brutale que d'habitude, a déclenché autant de violence dans un contexte de ségrégation raciale absolument terrible.

Très vite les pillages et les incendies s'étendent à toute la ville. Les policiers ne sont pas assez nombreux pour contenir ces débordements, beaucoup sont partis loin de la ville ce week-end-là, pour échapper à la canicule. L'état d'urgence est déclaré et des milliers de gardes nationaux et de forces fédérales sont mobilisés pour calmer la situation. Tom Leegh, un journaliste de *CBS News* venu en reportage, présentera la situation comme telle : « *Ici, où les émeutes ont commencé après une descente de police dans un bar, des arrestations ont eu lieu. État de dévastation totale : des rues, des quartiers entiers ont été détruits. Les dégâts matériels sont estimés à 500 millions de dollars. La souffrance humaine et la douleur psychologique sont inestimables.* »

Il faut replacer les émeutes de Detroit dans un contexte plus global car il y a eu pendant ce "long hot summer[2]", comme a été surnommé l'été 1967, près de 159 émeutes raciales dans tous les États-Unis. Une véritable révolution, qui mûrissait depuis de longues années.

Après 4 jours d'émeutes, l'exode est massif, Blancs comme Noirs quittent la ville. Les commerces et les entreprises décident de partir également. C'est le début de l'effondrement de Detroit : pertes d'emploi, logements abandonnés, la ville devient l'ombre d'elle-même. Malgré un plan de relance dans les années 1990, Detroit ne se remet toujours pas de ce week-end caniculaire qui a servi d'allumette, au cœur de la poudrière qui n'attendait qu'une étincelle pour exploser. En 2013, elle demande même sa mise en faillite avec une ardoise de plus de 18 milliards de dollars. Un lent et douloureux déclin pour une ville qui tente aujourd'hui de renaître de ses cendres.

2. Traduction : « un été long et chaud », terme employé à l'époque pour définir cet été caniculaire.

Qu'est-ce qu'une canicule ?

Si la chaleur fait partie de notre quotidien pendant l'été, la canicule est un phénomène difficilement supportable. D'ailleurs, il faut différencier la "vague de chaleur", terme employé pour parler d'une température maximale élevée sur une longue période pendant la journée, de la "canicule", qui répond à des critères très stricts de chaleur diurne mais aussi nocturne. En effet, si des journées s'annoncent chaudes, nous avons tendance à mieux les supporter si les nuits sont fraîches, car le corps a le temps de récupérer. Or si le niveau du mercure reste très élevé la nuit, l'organisme n'a pas le temps de s'en remettre, mettant en danger notre santé. Les seuils de température, de jour comme de nuit, diffèrent selon les départements. On parle de canicule s'ils sont franchis pendant au moins 3 jours et 3 nuits consécutives.

Comme pour le grand froid, il existe des conditions météorologiques propices à son apparition. Au lieu d'un anticyclone scandinave ou russe en hiver, cette fois-ci, c'est celui des Açores qui nous intéresse. C'est lui qui va déterminer le temps qu'il fera sur la France pendant l'été. On aura tendance à le surveiller s'il s'installe sur le nord ou l'est de l'Europe. Comme les vents s'enroulent dans le sens des aiguilles d'une montre autour de lui, avec cette position, il nous apporte de l'air très chaud et sec venu d'Afrique du Nord. S'il est puissant, il mettra des barrières aux perturbations atlantiques éventuelles. Jusqu'à présent rien d'inquiétant, mais cela peut le devenir si nous tombons dans une situation dite de blocage, et que celle-ci perdure pendant de nombreux jours. C'est à ce moment-là qu'une canicule peut s'installer.

Le saviez-vous ?
Podium des années les plus chaudes

Le top 3 des années les plus chaudes regroupe des périodes uniquement au XXIe siècle. En 1er, l'année 2003 avec un excédent de 3,2 °C par rapport à la normale, exaequo en 2e position, les années 2017 et 2015 avec +1,5 °C, et en 3e, l'année 2006, avec un surplus de 1,1 °C.

Un facteur aggravant avec la chaleur est le taux d'humidité dans l'atmosphère. Plus la chaleur sera sèche plus le corps l'accepte. En revanche avec un air saturé de vapeur d'eau, notre perception est très éprouvante. Au même titre qu'il existe une température ressentie l'hiver à cause du vent, il existe un indice d'inconfort l'été, avec l'humidité, qui s'appelle l'humidex. Il faut bien comprendre que le corps transpire, lorsque la chaleur devient trop intense, pour se refroidir et réguler sa température interne. Ce mécanisme naturel est totalement perturbé si le taux d'humidité dans l'air est important, car il va alors empêcher la sueur de s'évaporer. Physiquement, nous avons la sensation d'avoir la peau qui colle, les mains moites, c'est en réalité notre sueur qui reste sur notre peau. Prenons l'exemple d'une valeur sous abri de 30 °C avec un taux d'humidité dans l'air de 20 %, notre ressenti sera de 30[3]. En revanche, si l'humidité dans l'atmosphère atteint 70 %, il sera de 41, provoquant un risque très grave sur notre santé. En France, nos vagues de chaleur sont plutôt sèches, nous subissons les chaleurs humides généralement en amont d'un orage, lorsque la vapeur d'eau arrive dans l'atmosphère. C'est d'ailleurs une des façons de savoir qu'un tel événement approche. Contrairement à nous, le Canada est touché très fortement par ce phénomène. Lors de l'été 2018, les Canadiens ont d'ailleurs battu un record dans la région de Gatineau avec un indice humidex de 47,6. Un vrai danger pour la population.

Le saviez-vous ?
La journée la plus chaude

Lorsque j'ai écrit cet encadré, c'était au printemps 2019. À ce moment précis, le 5 août 2003 était considéré comme la journée la plus chaude de l'Histoire en France depuis 1947, avec une moyenne nationale de 29,4 °C. Mais les mois de juin et juillet 2019 ont tout changé! Nous avons vécu deux événements exceptionnels à quelques semaines d'intervalle. Le vendredi 28 juin 2019, la barre des 45 °C a été franchie pour la première fois en France. Gallargues-le-Montueux dans le Gard a même atteint

3. Comme cette valeur est un indice et non une température, on ne peut pas l'indiquer en degrés Celsius.

la valeur la plus élevée enregistrée par Météo-France à 16h20: 45,9 °C. Une température que l'on relève normalement dans la Vallée de la Mort aux États-Unis en plein mois d'août. Cette canicule sans précédent en termes d'intensité aura déclenché la première vigilance rouge canicule, depuis sa création en 2003, dans 4 départements du sud-est. Quelques semaines plus tard, une seconde canicule frappe la France. Cette fois, ce n'est pas le sud-est qui est impacté mais le nord. Météo-France lance la 2e vigilance rouge canicule de son histoire avec le chiffre déconcertant de 20 départements. Pendant 6 jours, des records absolus tombent quotidiennement. Paris atteindra 42,6 °C le 25 juillet 2019. Une valeur classique en juillet… à Bagdad (Iraq). Cette date restera gravée dans tous les esprits en devenant la journée la plus de chaude en France avec une moyenne nationale exaequo avec le 5 août 2003 de 29,4 °C. Une précision importante, ces deux canicules ont dépassé celle de référence datant de 2003 en termes d'intensité mais ne sont en rien comparables en termes de durée et de sévérité. L'été 2003 reste encore aujourd'hui un épisode exceptionnel.

Ces périodes de chaleur extrême ont marqué plusieurs générations. Nombreux sont ceux qui se souviennent de la terrible sécheresse de 1976, quand d'autres sont marqués au fer rouge par la canicule de 2003. Pour ceux qui en ont un lointain souvenir, je vous propose de nous replonger ensemble dans ces récits.

La terrible canicule de 1976 et son impôt sécheresse

L'année 1976 est affectée par un terrible déficit de pluie qui va provoquer une grave sécheresse. Depuis décembre 1975, la pluie se fait rare et continuera de l'être jusqu'au mois d'août 1976. Les nappes phréatiques ne se remplissent pas comme elles le font habituellement en hiver et au printemps, et les craintes se font sentir. La faute revient à un puissant anticyclone, littéralement bloqué sur le pays jusqu'en Allemagne, et qui empêche les perturbations de venir jusqu'à nous. La situation s'aggrave pendant le mois de juin. Alors qu'une quinzaine de dégradations passent plus au nord de l'Europe, pas une seule goutte pendant des semaines dans l'hexagone. Ce premier semestre 1976 deviendra le plus sec jamais enregistré entre 1956 et 2016, un record loin d'être battu encore aujourd'hui.

La pluie n'est pas le seul problème, car la chaleur va définitivement enfoncer le clou, à partir du 22 juin. Une canicule très intense s'installe pendant deux semaines, forçant les sols à évaporer le peu d'eau qui leur reste, ce qui va mécaniquement accroître un peu plus la sécheresse. Après une première vague de chaleur en mai, une deuxième puis une troisième se succèdent pendant ce mois de juin fatidique, mais la dernière est explosive. On atteint des températures supérieures à 36 °C et même proches des 40 °C dans les régions du nord et de l'ouest. Les agriculteurs voient leurs terres dépérir et leurs récoltes mourir sous leurs yeux. Les éleveurs ne peuvent plus nourrir leur bétail : l'herbe ne pousse plus et le fourrage manque. Le débit des fleuves atteint un niveau de faiblesse jamais égalé. La Loire semble même disparaître.

L'armée est même mobilisée pour transporter du foin venu du nord de l'Europe pour aider les éleveurs. Jacques Chirac, alors Premier ministre sous la présidence de Valéry Giscard d'Estaing, ira même plus loin… Il décide d'octroyer une aide de plus de 2 milliards de francs, soit 330 millions d'euros, aux agriculteurs, mais il ne souhaite pas que cette mesure soit financée par l'État pour éviter d'aggraver la dette publique. À situation exceptionnelle, mesure exceptionnelle : il met en place un impôt sécheresse, une mesure inédite. L'idée est de majorer de 10 % l'impôt sur le revenu pour plus de 2 millions de contribuables. Une démarche très impopulaire car elle n'a finalement satisfait personne : les agriculteurs n'ont reçu que très peu d'argent au vu du préjudice subi et les contribuables n'ont pas apprécié cette hausse nette de l'impôt qu'ils n'ont pas pu anticiper. Le journal de Patrick Poivre d'Arvor à cette époque parle de cet événement avec ces mots : « *Pourquoi payer ? Les citadins ont dû être nombreux à se poser la question en signant leur chèque. Pourquoi payer ? La répartition est-elle juste ? bien faite ? et adaptée aux différentes réalités du terrain ? Toutes ces questions, nous nous les sommes posées.* » Suivra le reportage, mené par Alain Doubesky, dans le département de la Manche. Le constat est saisissant. Les images montrent un champ de salades quasiment vide, l'agriculteur précisant qu'il en manque 80 % et que celles qui ont réussi à pousser ne sont pas commercialisables en l'état, car elles ne respectent pas le volume minimal requis. Même constat sur le terrain où il cultive des poireaux : « *Il en manque au moins les ¾, et le reste est vraiment minable, vous pouvez le constater vous-même* », dit-il avec beaucoup de tristesse et de résignation. Le journaliste se pose légitimement la question : est-ce une situation particulière ou un cas généralisé ? Il décide alors de se rendre dans une coopérative et échange avec son directeur. Les chiffres annoncés, concernant notamment la production de carottes, parlent d'eux-mêmes : « *Voici les chiffres, pour les 5 premiers mois de la saison : l'année dernière 1 090 tonnes, cette année 50 tonnes.* » Des données alarmantes.

La pluie revient sur ces régions au mois d'août. Elle est par endroits suffisamment abondante pour que certains agriculteurs, notamment ceux du Mont-Saint-Michel, refusent l'aide de l'État. Les précipitations ayant repris leurs droits, les sols pourront accueillir de nouvelles cultures, la hausse des prix contribuera à équilibrer le reste : il est vrai qu'ils ont flambé à la suite de ces mauvaises récoltes. Prenons l'exemple du kilo de tomates, il est passé de 4,30 francs à 7,20 francs en l'espace d'une semaine. Cette sécheresse coûtera 0,5 point de croissance au pays et 4 milliards de francs de pertes sur sa balance commerciale.

L'été 1976 aura été remarquable sous bien des aspects. Tout d'abord par sa durée (un manque de pluie pendant 9 mois), puis par son intensité (un record qui est toujours d'actualité), enfin par son étendue géographique (toutes les régions ont été concernées, excepté celles proches de la Méditerranée). Une période qui a marqué la mémoire des Français tant au niveau des conséquences économiques et sociales dans le domaine agricole que la mise en place de cet impôt sécheresse. Aucun ministre ou président ne s'est aventuré à le proposer à nouveau.

Près de 27 ans plus tard, une autre canicule fera la une de l'actualité, celle de l'été 2003. Les conséquences sont d'une ampleur inégalée.

La catastrophe sanitaire de la canicule en 2003

Le mois d'août 2003 : une période sans précédent dans notre Histoire moderne. La chaleur terrasse des milliers de Français en seulement quelques jours, dans un silence assourdissant. Seuls les hôpitaux, les secouristes et les pompiers se débattent face à cette crise qui les dépasse. Pendant ce temps, le gouvernement est en vacances, sans prendre la mesure de cet événement qui deviendra la plus grave crise sanitaire de notre pays.

Cette canicule est arrivée dans un contexte où la chaleur était déjà présente depuis de nombreuses semaines, mais à cette période, la situation était relativement classique. C'est au début du mois d'août que le niveau du mercure dérape. Le thermomètre affiche rapidement les 35 °C à l'ombre dans les 2 tiers des stations d'observation, et dans 15 % d'entre elles, il monte à 40 °C y compris en Bretagne, ce qui n'était jamais arrivé à cette période depuis l'existence de ces données. Les jours avancent et la chaleur est toujours aussi intense. Dans le documentaire du magazine *Flash-Back*, l'extrait d'un journal annonce une première tendance qui inquiète: « *L'été 2003 est exceptionnel, non pas tant pour les pointes de chaleur que pour leur répétition* », annonce le journaliste en montrant, preuve à l'appui, une carte élaborée par les services de Météo-France, où nous voyons les zones qui ont vécu leurs mois de juin et juillet les plus chauds depuis 50 ans. Elle représente en rouge tout l'est et le sud de la France en s'étirant jusqu'au Massif central. Certaines personnes commencent à ressentir les premiers effets de cette canicule qui se prolonge, elles ont du mal à refroidir la température de leur corps et commencent à souffrir de vertiges.

La chaleur est si étouffante que même les nuits deviennent difficiles, le corps ne pouvant pas récupérer s'affaiblit et se fatigue toujours plus. Patrick Pelloux, alors urgentiste, précise dans le reportage: « *Les sapeurs-pompiers nous disent qu'ils sont débordés car les gens tombent comme des mouches dans la rue.* » Les hôpitaux se remplissent de plus en plus, l'inquiétude monte au sein du personnel hospitalier, car de nombreux cas de plus en plus graves se présentent. La canicule tue, les décès se multiplient. Les médecins tentent d'alerter les membres du gouvernement, en vain, personne n'arrive à les contacter. Du côté de l'administration, on ne prend pas au sérieux ces coups de chaud. Pendant le week-end, le dispositif au cœur des hôpitaux est accentué pour faire face à toutes ces personnes qui arrivent avec des convulsions, une des conséquences des fortes chaleurs. Les arrêts cardiaques sont nombreux, la situation devient de plus en plus ingérable. Ces cas d'hyperthermie affluent de toutes parts en Île-de-France, les services sont débordés.

Il est vrai qu'à partir de ce week-end du 7 août, les températures, la nuit, n'auront jamais été en dessous des 23 °C et ont même été bien au-delà de ce chiffre. Pendant la journée, la station météorologique de Paris-Montsouris affichera sans cesse des valeurs au-dessus des 36 °C. Une situation intenable pour les personnes les plus vulnérables comme les personnes âgées, les bébés ou les malades. Les équipes médicales décident alors de tirer la sonnette d'alarme avec l'appui des médias, alors que le gouvernement continue de faire la sourde oreille. Dans le journal de France 3 du 11 août 2003, Patrick Pelloux, président des médecins urgentistes à cette époque, exprime toute sa colère alors que les brancards s'entassent dans les hôpitaux. Une vision de guerre nous submerge lorsque nous regardons les images d'archives. Malgré la cinquantaine de morts à ce moment-là, la direction générale de la santé, non confrontée à la réalité, pense que ce sont des morts naturelles, et non dues à la canicule. « *Le problème est bien réel, nous avons des malades qui sont en train de mourir… et qui n'auraient pas dû perdre la vie.* » Les admissions ont doublé en quelques jours, en majorité des personnes âgées mal hydratées et terriblement affaiblies. La pression qu'exercent, main dans la main, médias et personnels de santé aura pour conséquence de sortir le ministre de la Santé de l'époque, Jean-François Mattei, du silence. Ne prenant pas bien toute la mesure du problème, il répondra aux questions du journaliste Thomas Hugues sur la chaîne TF1, vêtu d'un simple polo noir depuis sa maison de vacances dans le sud de la France. Une maladresse qui va se retourner contre lui, car l'image qu'il renvoie ce jour-là est catastrophique. Dans le documentaire flashback, il se justifie avec ces mots : « *Jean-Pierre Raffarin me dit qu'il faut quand même que je m'exprime. J'appelle toutes les personnes susceptibles de me faire un point précis de la situation et tout le monde me dit la même chose, la situation est sous contrôle, il n'y a pas lieu de s'inquiéter outre mesure. Je rappelle Jean-Pierre et il me dit : "Exprime-toi quand même."* […], *ça s'est fait dans ma campagne, c'est vrai, mais je n'allais pas me mettre en costume cravate à la campagne. Je voulais surtout essayer de rassurer les gens.* »

Une autre réalité plonge un peu plus la France dans l'horreur cet été-là. En effet, les morgues annoncent que toutes les places en

Île-de-France sont occupées, et les services des pompes funèbres sont eux aussi débordés. Face à ce dernier signal et à l'ampleur du phénomène, le gouvernement réagit enfin. Ils auront attendu 12 jours après le début de la canicule et plus d'une semaine après les premiers décès pour lancer le "Plan Blanc" permettant d'allouer plus de moyens aux hôpitaux et d'accueillir davantage de victimes. Mais c'est trop tard. Les équipes sont déjà à bout de souffle. Une réunion de crise est prévue à Matignon le 14 août, date à laquelle des chiffres officiels annoncent 1 500 à 3 000 décès, ce qui est bien en dessous de la réalité. Les températures continuent encore de grimper : 70 stations météorologiques sur 180 en France battent des records absolus de chaleur, les 40 °C étant souvent dépassés dans les villes. La valeur la plus forte sera relevée dans 2 stations, celles de Saint-Christol-les-Alès et de Conqueyrac dans le Gard, avec 44,1 °C sous abri. Imaginez le ressenti sous un soleil de plomb au cœur d'un village où les pierres absorbent la chaleur et la font rayonner dans ces rues étroites… C'est intenable. Dans l'arrière-pays provençal, les températures ont dépassé les 35 °C pendant 17 jours. La région Centre a dépassé les 40 °C pendant près de 11 jours. Ces durées sont tout simplement exceptionnelles.

Puis, brusquement, la situation météorologique se débloque et la canicule cesse à partir du week-end du 15 août. Un premier bilan dramatique fera état de 15 000 décès liés à la canicule de l'été 2003. Quelques années plus tard, l'INSERM revoit à la hausse ce chiffre et indique celui de 19 490 décès en France et plus de 70 000 en Europe. Cette canicule n'aura pas eu un effet dévastateur seulement sur notre pays.

À la suite de ce funeste été, des mesures sont prises. Tout le monde prend conscience que la chaleur peut tuer, et le plan canicule est créé. Il sera enrichi au fil des années et permet d'installer des dispositifs de prévention et de protection pour les personnes les plus fragiles. Météo-France décide de rajouter les fortes chaleurs dans ses alertes de vigilance pour prévenir la population. Les établissements de santé ont maintenant un dispositif spécifique pour l'été afin d'adapter les capacités d'hospitalisation, sans oublier les pièces climatisées qui sont installées dans tous les centres pour personnes âgées. Nos anciens sont maintenant mieux accompagnés, recensés, et des distributions d'eau sont effectuées. Il aura fallu ce terrible mois d'août 2003 pour que nous nous rendions compte à quel point ils étaient seuls et laissés de côté.

Les villes, nouvel Eldorado écologique ?

Les grandes villes sont confrontées à une pollution qui s'accroît d'année en année. Une situation qui peut engendrer des problèmes dramatiques sur notre santé. Lorsque les vagues de chaleur surviennent, elles sont accompagnées d'un anticyclone puissant qui fait office de couvercle, bloquant les particules fines au sol et aggravant la pollution de l'air. Un autre effet de cet anticyclone est qu'il renforce le phénomène d'îlot de chaleur urbain, accentuant les impacts des canicules, même déjà intenses. Une situation qui préoccupe de plus en plus les autorités françaises et, en premier chef, les maires.

Anne Hidalgo, maire de la ville de Paris et présidente du C40[4], nous explique ses choix pour la capitale afin de lutter contre la pollution et ces vagues de chaleur intense. Elle nous dévoile également les solutions qui l'inspirent à travers le monde et qu'elle aimerait appliquer pour que Paris soit mieux adapté au monde de demain.

En effet, la pollution de l'air devient un problème de plus en plus récurrent dans la capitale. Les situations météorologiques propices à son accroissement se multiplient. Les deux facteurs clés sont la puissance d'un anticyclone et l'absence de vent. Si une situation de blocage se met en place, l'air peut rapidement devenir irrespirable. « *La pollution de l'air réduit de 2 ans l'espérance de vie de tous les Franciliens. Elle est responsable de 6500 décès prématurés chaque année à l'échelle du Grand Paris. Et lorsque l'on consulte les cartes d'Airparif, on voit très clairement que c'est au cœur de Paris que la situation est la plus préoccupante* », précise Anne Hidalgo. « *Nous vivons dans une ville très dense, la sixième au monde, et nous accueillons chaque jour deux millions de travailleurs venus de la petite et de la grande couronne, ainsi que des centaines de milliers de touristes. Cette concentration très forte d'activité a une incidence notable sur la qualité de l'air. Mais cela n'est pas irrémédiable, car nous savons d'où*

4. Cities Climate Leadership Group (Groupe de leadership des villes sur le climat).

provient ce problème : il est avant tout causé par les véhicules polluants, qui produisent à eux seuls deux tiers des émissions d'oxydes d'azote et plus de la moitié des émissions de particules fines. C'est pourquoi nous devons adapter nos comportements pour recourir au maximum à des modes de transports collectifs et plus respectueux de l'environnement. » Un constat qui explique les raisons et le besoin de transformer la capitale en un lieu plus vivable. Cependant le passage d'une ville durable à une ville neutre en carbone n'est pas une chose évidente. Est-ce réalisable ? Devons-nous aller vers ce modèle ? « *La ville neutre en carbone, c'est la garantie pour toutes et tous de mieux vivre. Cela ne veut pas dire renoncer à son confort, bien au contraire : mieux respirer, par exemple, c'est du confort supplémentaire dans notre vie quotidienne. Évidemment, cela implique des efforts, nous devons changer certaines de nos habitudes, et le rôle d'un maire c'est d'aider ses concitoyens à y parvenir. C'est l'ambition fixée par le Plan Climat de la Ville de Paris, adopté à l'unanimité en mars 2018, qui vise l'objectif d'une ville neutre en carbone et 100 % convertie aux énergies renouvelables à l'horizon 2050.* » Pour concrétiser un tel projet et réaliser cette transition, des mesures doivent être instaurées : « *En 2015, j'ai annoncé un plan sur 5 ans afin de réduire la circulation des véhicules polluants, nous avons immédiatement mis en place une quarantaine d'aides financières, qui s'adaptent aux modes de transport de chacun. Nous aidons aussi les propriétaires à rénover leur logement, nous créons des pistes cyclables pour faciliter la vie des cyclistes… C'est important, car la transition écologique ne doit pas être vécue comme une contrainte : elle est une opportunité.* » Il existe une ville en Europe qui inspire particulièrement Anne Hidalgo pour avoir réussi son adaptation face au réchauffement climatique et à la pollution, c'est Copenhague, la capitale du Danemark. « *C'est une ville qui a réussi à devenir leader dans le domaine de la transition écologique, en conduisant une politique de long terme. Tout cela est parti de la crise pétrolière des années 70. Les élus locaux ont alors cherché des solutions innovantes et peu coûteuses pour redynamiser la ville. C'est là qu'ils ont eu l'idée de développer la pratique du vélo, en créant des aménagements cyclables dans tous les quartiers. Au début, il y a eu des oppositions farouches, une partie des automobilistes s'est opposée à ce changement, mais l'immense majorité des habitants s'est engagée dans cette voie et cela est aujourd'hui devenu un facteur très important d'attractivité et de qualité de vie.* »

Les métropoles font donc face à un enjeu très important pour leur avenir. Elles doivent allier développement et enjeu climatique. D'autant plus que la pollution devient encore plus prégnante lors des canicules étouffantes. Ces vagues de chaleur sont parfois plus intenses à cause d'un phénomène : l'îlot de chaleur urbain, dû au fait que les villes conservent davantage la chaleur pendant la nuit par rapport aux campagnes environnantes, prenant l'apparence d'un petit dôme de chaleur au-dessus de la ville. Pour comprendre ce phénomène, partons en direction de la campagne. Lors d'une belle journée ensoleillée et chaude, l'eau s'évapore et la végétation transpire, ce qui permet de rafraîchir l'air. En ville, le sol et les bâtiments sont imperméables et absorbent même une bonne partie de la chaleur provenant du soleil. Les activités humaines contribuent à aggraver cette chaleur, notamment par l'utilisation des véhicules, de la climatisation, de l'activité industrielle, etc. Résultat : pendant la nuit dans les campagnes, toute la chaleur reçue pendant la journée est rejetée vers l'atmosphère sans aucun obstacle, ce qui fait naturellement chuter la température. En revanche en ville, la chaleur qui a été emmagasinée la journée est également restituée mais de façon très lente à cause de l'inertie thermique des bâtiments, routes, parkings, etc. La température baisse alors beaucoup moins vite. Aujourd'hui, il peut y avoir des différences de températures jusqu'à 10 °C entre les villes et les campagnes. Mais comme nous l'explique Valéry Masson, du groupe de météorologie à moyenne échelle au centre national de recherches météorologiques (Météo-France/CNRS), c'est un phénomène qui a toujours existé : « *Une phrase extraite du roman* Bel-Ami, *de Maupassant, est particulièrement intéressante : "C'était une nuit sans vent, une de ces nuits d'étuve où l'air de Paris surchauffé entre dans la poitrine comme une vapeur de four." Nous sommes en 1885, ce qui signifie qu'à l'époque les îlots de chaleur urbains existaient déjà, avec une différence de 2 °C entre la ville et les campagnes. Si cela s'est aggravé dans le temps avec parfois des différences allant aujourd'hui jusqu'à 10 °C, c'est parce que les villes se sont étendues et que les sols se sont encore plus imperméabilisés* », précise-t-il. L'îlot de chaleur urbain n'est donc pas lié au réchauffement climatique et peut varier rapidement d'un jour à l'autre. La problématique est de savoir comment adapter les villes face aux canicules plus intenses. Comment réussir à rafraîchir la ville ? Une vaste question sans réponses évidentes… « *La principale solution est à trouver du côté de la végétalisation mais il faut qu'il y ait assez de ressources en eau pour qu'elle puisse s'évaporer. Les arbres ont l'avantage de puiser assez profondément dans le sol, donc même si celui-ci est imperméabilisé, ils arrivent à trouver de l'eau. En revanche, le gazon et les toitures végétalisées ne sont pas très efficaces car ils vont s'assécher très vite.* » En ville, l'adaptation peut se faire à différentes échelles, de l'individu jusqu'à l'organisation du territoire. « *À l'échelle de la ville, par exemple, il peut être intéressant de mettre en place un corridor vert pour ramener de l'air frais vers les centres-villes. Cela a été fait à Stuttgart qui est dans une sorte de cuvette : la hauteur des bâtiments près des collines est limitée pour permettre à l'air de passer au maximum. À l'échelle des quartiers, c'est la mise en place de parcs et la végétalisation qui doivent être envisagées, mais aussi la rénovation des bâtiments anciens pour qu'ils s'adaptent à un climat plus chaud. Du côté des logements, c'est le système de chauffage et de climatisation qu'il faut limiter* », détaille Valéry Masson. Pour répondre à cette problématique, la Ville de Paris mise donc sur la végétalisation des espaces. « *Paris est une ville historiquement très minérale et donc très exposée à la hausse des températures. À la différence de New-York, Londres ou encore Berlin, nous n'avons pas de grand parc en centre-ville. Nos poumons verts se situent à l'est et à l'ouest de la capitale, ce sont les bois de Boulogne et de Vincennes. Sous les mandats de Bertrand Delanoë, nous avons commencé à rééquilibrer les choses, en créant de nouveaux espaces verts, à l'image du parc Martin Luther King, d'une superficie de 10 ha, dans le 17e arrondissement. Depuis que je suis maire, nous accélérons ce mouvement en faisant de la place à la nature partout où cela est possible. En seulement 6 ans, nous avons créé 30 ha supplémentaires de parcs et jardins, dont le parc des Rives de Seine. Nous comptons 100 ha de toits, façades et murs végétalisés, dont un tiers est consacré à l'agriculture urbaine. Nous avons aussi planté 20 000 arbres supplémentaires. J'ai également initié avec mon équipe une nouvelle façon d'aménager les cours d'école, pour en faire des cours "oasis" : nous retirons les revêtements pour que les enfants profitent de sols en pleine terre, avec de l'herbe, des fleurs, des potagers… Trois premières cours oasis ont été mises en place à la rentrée 2018, une trentaine d'autres seront prêtes pour la rentrée 2019.* » Les actions sont réalisées avec l'appui des Parisiens, qui sont nombreux à souhaiter verdir leur lieu de vie. Quant à la maire de Paris, la prochaine étape sera la "débitumisation" de certaines zones pour créer « *des lieux de respiration et de fraîcheur pour les habitants et les visiteurs* ». Au-delà de ces espaces végétalisés, l'îlot de chaleur doit être contenu par l'intermédiaire des bâtiments, véritable radiateur de nuit d'une ville bouillonnante. « *Il faut aussi agir sur les immeubles, qui sont des sources importantes d'émissions de CO_2. Nous rénovons 4 500 logements sociaux par an et avons lancé la plus grande opération en France de rénovation énergétique des bâtiments privés : des dizaines de copropriétés sont en train d'en bénéficier* », précise Anne Hidalgo.

Paris fait office de précurseur sur ces questions – le déclic s'étant produit lors de la canicule de 2003 –, les autres villes connaissant peu ce principe d'îlot de chaleur urbain. Elles essaient aujourd'hui de connaître le niveau d'aggravation de la température, mais elles disposent de très peu de stations météos en centre-ville, car celles-ci sont le plus souvent situées à l'extérieur, près d'un aéroport. « *On commence à travailler avec Toulouse sur ces questions. Ils vont se doter de 60 stations d'observation, réparties dans toute la ville. Là nous pourrons identifier avec précision les endroits frais et chauds, les zones les plus vulnérables, cela peut aider à piloter les projets de bâtiments intelligents (à énergie positive notamment). De plus en plus de villes vont s'équiper ainsi. Aujourd'hui, il y a une obligation légale de s'adapter au réchauffement climatique, ce qui n'existait pas avant. C'est une problématique très récente, les villes commencent seulement à y travailler* », explique Valéry Masson. Pour autant les difficultés et les obstacles sont nombreux face à ces enjeux. Rappelons-nous les murs qui se sont dressés face à la maire de Paris pour faire accepter l'idée de piétonniser une partie des quais de Seine. Que l'on soit pour ou contre cette idée, la volonté était bien de rendre Paris plus respirable. « *Si le dérèglement climatique est aujourd'hui une réalité admise par l'immense majorité de nos concitoyens, les conservatismes persistent dès qu'il s'agit de transformer la ville. La polémique sur la piétonisation des Rives de Seine, en 2016, en témoigne très bien : pour offrir ce parc de 8 ha aux Parisiennes et aux Parisiens, il a fallu tenir bon face aux attaques des élus de droite, d'une partie des automobilistes et de certains lobbys. Les opposants ont même été jusqu'à retourner contre nous le droit de l'environnement pour essayer de faire barrage à ce projet. Heureusement, les mentalités évoluent rapidement. On le voit avec la réflexion engagée sur l'avenir du boulevard périphérique : nous avons placé autour de la table des élus de toutes les tendances politiques et ils sont parvenus à tomber d'accord pour que cette autoroute urbaine se transforme dans la décennie qui vient en un boulevard urbain apaisé et bordé de végétation. Une telle unanimité aurait été inimaginable il y a encore quelques années. Je crois que nous avons gagné une vraie bataille culturelle* », raconte Anne Hidalgo.

Paris n'est pas une exception. Des dizaines de maires dans le monde sont dans cette logique de transformation en profondeur de leur ville. Pour avancer sereinement et avoir plus de poids, quoi de mieux que de conjuguer les forces ? En 2005, Ken Livingstone, à l'époque maire de Londres, crée le C40, le réseau mondial des grandes villes contre le dérèglement climatique. Un projet d'envergure qui a un seul but : permettre aux grandes métropoles de s'unir pour lutter plus efficacement. La ville de Paris fait partie de ce mouvement planétaire. Anne Hidalgo en est d'ailleurs la présidente depuis le 8 août 2016. « *Le C40 est d'abord un espace de partage : nous échangeons, entre maires de métropoles, nos diagnostics, nos idées, nos réussites. À la différence des États, il n'y a pas de concurrence entre les villes ! On a l'habitude de travailler en réseau et de s'entraider. On s'inspire les uns des autres. C'est vraiment enrichissant. Le C40 est également un outil pour peser dans les décisions internationales. Il fédère une centaine de villes, qui représentent 650 millions d'habitants et 20 % du PIB mondial qui parlent d'une même voix. Cela a convaincu l'ONU, la Banque mondiale ou encore l'OCDE, de nous associer à leurs travaux. Nous avons pu contribuer à notre échelle à l'Accord de Paris sur le Climat ou encore obtenir des efforts de la part de grandes entreprises qui n'auraient pas écouté une ville isolée.* » Les maires d'autres métropoles continuent à rejoindre cette organisation qui fixe des objectifs à atteindre pour lutter efficacement contre les gaz à effet de serre. « *Sous l'impulsion du C40, un millier de maires se sont réunis à l'Hôtel de Ville de Paris lors de la COP21 pour s'engager à contribuer à la lutte contre le dérèglement climatique. Nous avons également adopté un rapport intitulé "Deadline 2020" qui fixe la trajectoire que nous nous imposons pour respecter l'Accord de Paris sur le Climat, et la décliner en milliers de mesures concrètes. Le C40 a aussi permis de nouer des accords sur la fin du diesel à l'horizon 2025 [NB : 2024 à Paris] et sur la neutralité carbone à l'horizon 2050.* »

C'est d'ailleurs lors de ces événements que les équipes de la maire de Paris ont repéré le travail d'un professionnel très talentueux, Vincent Callebaut, architecte et fondateur de Vincent Callebaut Architectures. La rencontre s'est faite en 2015, quand la mairie de Paris le contacte pour développer le projet Paris Smart City 2050, un programme d'adaptation au changement climatique, qui a été pensé et conçu en amont de la COP21 cette année-là. « *Ils désiraient que nous imaginions un projet de recherche et de développement qui soit la traduction architecturale urbaine de ce plan climat de 2015* (un plan qui a évolué depuis. Un nouveau a été adopté en 2018 avec des objectifs intégrant les ambitions des Accords de Paris lors de la COP21), *qui vise à réduire les émissions de gaz à effet de serre en étudiant les solutions qui intègrent les énergies renouvelables, l'agriculture urbaine et la végétalisation intensive des bâtiments. Mais aussi le retour à la mobilité douce, c'est-à-dire une ville qui est centrée autour du piéton et des transports d'eau tout comme un plan qui cherche à intégrer les citoyens dans les processus de conception des nouveaux bâtiments, quartiers et usages au cœur de Paris* », raconte-t-il. La Mairie de Paris a remarqué cet architecte par les projets innovants et prospectifs qu'il avait développés pour les réfugiés climatiques en proposant des concepts de villes flottantes, ou encore pour la ville de New-York avec le projet "Dragon Fly", l'un des premiers prototypes de fermes urbaines verticales, c'est-à-dire « *une tour de logements et de bureaux qui vient étager à la verticale des champs d'agriculture, des vergers communautaires et des potagers suspendus, pour ramener une agriculture biologique au cœur des lieux de consommation et ainsi faire en sorte que la ville contemporaine ne fonctionne pas uniquement par l'importation de matières premières et de ressources naturelles ainsi que par l'exportation de déchets et de pollution.* » Ce sont des projets qui cherchaient à être exemplaires en termes d'écologie et d'économie circulaire. À l'époque, l'architecte travaillait sur le chantier de la tour Tao Zhu Yin Yuan à Taïwan, actuellement en phase d'achèvement. Cette tour spiralée a la caractéristique d'être recouverte de plus de 25 000 plantes, arbustes et arbres. « *Elle a été labélisée comme une architecture carbo-absorbante, c'est-à-dire que la végétation qui la recouvre permet de stocker jusqu'à 130 tonnes de* CO_2 *par an dans l'atmosphère grâce à la photosynthèse naturelle.* »

Plutôt que de toujours innover dans les pays émergeants comme l'Amérique du Sud, l'Asie du Sud-Est et l'Afrique du Nord, l'architecte veut démontrer que même dans la capitale, des projets audacieux peuvent voir le jour. « *C'est l'une des plus belles villes au monde, avec un patrimoine intrinsèque très fort, mais on peut également proposer des concepts de solidarité énergétique, en construisant des greffes contemporaines qui assument leur époque sur des bâtiments historiques, et faire en sorte qu'elles produisent toute l'énergie électrique, calorifique, frigorifique et aussi alimentaire dont chaque bâtiment historique a besoin pour se projeter dans le XXIe siècle.* » Pour cela il a développé un projet très conséquent qui couvre plusieurs quartiers de Paris. Ce qui m'a le plus interpellée, dans ce projet, est le travail réalisé sur la rue de Rivoli, un axe majeur qui traverse Paris d'est en ouest. « *Nous avons imaginé des tours inspirées de la nature, construites comme des montagnes, produisant leur propre énergie électrique grâce à des boucliers solaires photovoltaïques, qui suivent la course du soleil face aux Tuileries. Des tours viennent étager des balcons potagers et des vergers sur toute leur hauteur pour proposer également une autosuffisance alimentaire en milieu urbain.* » Après un premier temps de scepticisme, à l'idée de voir ces bâtiments historiques raccrochés à des éléments aussi innovants, la séduction opère lorsque l'on découvre, sur ses plans, une incroyable cascade. De quoi imaginer des moments de détente uniques en plein cœur du centre historique. « *Entre les deux boucliers photovoltaïques qui reprenaient la fine structure des ailes de la libellule, on avait des cascades hydrodynamiques qui permettaient de rafraîchir l'atmosphère urbaine en plein été et qui, grâce à un bassin de rétention d'eau au sommet de la tour et un autre au pied, de stocker l'énergie produite 24/24. Le but est de coupler les énergies renouvelables avec la végétalisation intensive, afin de profiter de l'évapotranspiration des plantes qui viendront bioclimatiser naturellement l'atmosphère urbaine et ainsi lutter contre les îlots de chaleur.* »

Le projet imaginé par Vincent Callebaut en 2015 n'a pas pour vocation d'être construit mais plutôt de donner des idées qui demandent à mûrir. « *Lorsque l'on voit les images de synthèse que nous avons développées, notre intention n'était pas de dire que nous allions construire ces tours sur tous les toits de Paris mais plutôt qu'on allait vers une architecture qui produit son énergie, qui ramène la nature en ville, qui propose un dialogue contemporain avec le patrimoine historique plutôt que de transformer Paris en une ville musée* », ce que confirme Anne Hidalgo : « *La ville végétale, c'est le sens de l'Histoire. Je pense que dans le futur des visions comme celles de Vincent Callebaut deviendront pour partie réalité. Mais il faut concrétiser cela avec beaucoup de délicatesse, en veillant aussi à respecter le patrimoine architectural millénaire de notre ville. Le projet d'aménagement du quartier de la tour Eiffel est un très bon exemple de cela : d'ici aux Jeux olympiques et paralympiques de 2024, l'axe allant du Trocadéro à l'École militaire deviendra un vrai parc urbain, dont profiteront tous les Parisiens, et en particulier les familles. Il comportera 2 ha de végétation en plus d'aujourd'hui, dont une partie du pont d'Iéna. C'est la preuve que patrimoine architectural et végétalisation peuvent parfaitement aller de pair.* »

À Paris, les façades fonctionnent donc comme un radiateur en fonte émettant beaucoup de chaleur et limitant le rafraîchissement de l'atmosphère durant la nuit. Pour mener à bien son grand plan de végétalisation intensive de la ville – jusqu'à 100 ha dont 30 d'agriculture urbaine –, la Mairie de Paris a lancé en janvier 2016 des appels à projet auprès des entreprises, des acteurs publics ou encore des propriétaires pour recenser des espaces et développer l'agriculture urbaine afin d'accélérer la végétalisation des bâtiments et favoriser la biodiversité. On les appelle les Parisculteurs. Le succès est au rendez-vous avec un but affiché : développer les circuits courts et une production locale devenant alors une source d'emplois et de lien social très importante. La deuxième édition, par exemple, a permis de produire plus de 700 tonnes de fruits et légumes, et plus d'un million de fleurs, tout en créant des dizaines d'emplois. Une illustration concrète avec le toit-terrasse d'une grande enseigne alimentaire du 13e arrondissement parisien qui a accueilli une safranière. Forte de ce succès, la troisième édition a été lancée en janvier 2019, en partenariat avec le Conseil Départemental de la Seine-Saint-Denis, avec, cette fois-ci, l'implantation de 19 sites en pleine terre, une grande nouveauté.

L'incroyable projet réalisé à Taïwan par l'architecte Vincent Callebaut évoqué en amont, permet de dresser un premier bilan de l'efficacité de sa méthode. Grâce à l'évapotranspiration de la végétation, la température ressentie sur les balcons et à l'intérieur des bâtiments s'est abaissée de 2 à 3 °C, procurant la même sensation que lorsque nous entrons dans une forêt en période de canicule. Une solution efficace qui mérite une attention très particulière. Pour la Ville de Paris, le développement de la place de la nature s'est aussi traduit par un retour de la vie animale. Grâce aux efforts pour améliorer l'eau de la Seine, une trentaine d'espèces de poissons s'est installée dans les eaux de la capitale, contre une dizaine dans les années 80. Les cimetières, entretenus sans pesticide depuis une dizaine d'années, abritent des petits mammifères comme des renards.

Les villes montrent le cap. Pour Anne Hidalgo, « *elles seront assurément plus vertes, plus respirables et moins émettrices de CO_2. Elles feront une plus belle part à la biodiversité* ». Les plus grandes métropoles du monde s'adaptent au changement d'aujourd'hui et de demain et pourraient bien devenir un nouvel Eldorado écologique.

La canicule face au réchauffement climatique

La chaleur extrême est pour nous le reflet du changement climatique, sa conséquence la plus immédiate. Pour autant, les indicateurs sont-ils à la hausse ou à la baisse ? Devrons-nous apprendre à vivre avec des étés caniculaires à l'image de celui de 2003 ?

Pour comprendre comment est analysé ce paramètre, je suis allée à la rencontre de Samuel Somot, chercheur à Météo-France/CNRM, qui a étudié l'évolution de la température en France. « *Nous avons beaucoup de recul sur les vagues de chaleur. Après la canicule de 2003, de nombreuses études se sont développées. On a notamment essayé de la replacer parmi des scénarios futurs et passés. Lorsque nous avons obtenu les premiers résultats, nous nous sommes rendu compte de sa dimension exceptionnelle. Sa formation aurait été probablement impossible sans le réchauffement climatique.* » En regardant les statistiques, nous constatons 7 épisodes caniculaires entre 1947 et 1980 mais 16 épisodes entre 1980 et aujourd'hui, ce qui prouve une tendance à la hausse. *« L'année 2003, par rapport à l'ensemble de ces épisodes, ressort vraiment du lot non pas par sa durée, mais en termes d'intensité maximum et de sévérité. Dans ces deux domaines, le record a été battu.* » Cet épisode, qui a marqué les mémoires, reste donc un événement rare. Mais qu'en sera-t-il si les trajectoires pessimistes envisagées pour le réchauffement climatique se confirment ? En comparant notre climat actuel avec celui que nous pourrions avoir en 2100, les chercheurs ont beaucoup appris. « *La structure spatiale du climat d'aujourd'hui va rester la même, c'est-à-dire que les massifs et le nord-ouest de la France resteront plus frais que l'arc méditerranéen par exemple. En revanche, c'est l'intensité des températures qui pourrait s'aggraver. On s'attend à deux phénomènes concernant l'évolution future de la distribution statistique des températures quotidiennes : d'une part un décalage de la moyenne des températures vers des valeurs plus chaudes et d'autre part un aplatissement de la distribution, c'est-à-dire que les extrêmes vont se réchauffer plus vite que la moyenne. Ce double phénomène devrait entraîner une augmentation plus importante des extrêmes que des températures moyennes.* »

Pour que ce travail de recherche produise des résultats, il est important de choisir les paramètres à comparer. C'est pour cela que les chercheurs ont décidé d'analyser comment une température très élevée pourrait évoluer. « *Entre 1976 et 2005, les jours où la température maximale quotidienne dépassait les 35 °C n'étaient pas si fréquents, c'était même très rare. Certaines régions en comptaient 2 par an, mais en majorité nous étions à moins de 1 par an. Si on compare avec un scénario de réchauffement très fort d'ici la fin du siècle, on passe à une moyenne de 10 jours par an et dans les régions les plus touchées on monte jusqu'à 20 jours avec des températures très difficiles à supporter. Au-delà d'un certain nombre de jours, les canicules ont une incidence pour notre santé, proportionnelle à leur durée.* » Ils ont cherché également à savoir où se positionnerait la canicule de 2003 dans le climat que nous pourrions connaître dans le futur. « *Dans le futur proche, d'ici à 2050, on voit que la canicule de 2003 pourrait revenir régulièrement, avec une intensité qui pourrait même être dépassée en termes de température maximum. Cela montre à quel point ce qui s'est passé en 2003 est vraiment exceptionnel. C'est un épisode qui n'aurait jamais dû arriver, probablement dû à la variabilité naturelle du climat. En revanche entre 2050 et 2100, dans le scénario le plus pessimiste, on pourrait atteindre des intensités nettement plus fortes qu'en 2003, cette fameuse canicule devenant même un épisode de faible intensité dans le climat de la fin du siècle.* » Les résultats entre les différents scénarios – faible, moyen et fort –, ne vont pas vraiment changer jusqu'en 2050 car l'ensemble des gaz à effet de serre que nous avons déjà émis sont ceux qui vont influencer le climat jusqu'à cette date. « *Quelque part, le changement climatique est écrit jusqu'au milieu du siècle. En revanche, au-delà de cette date, nous avons encore le choix de notre futur. Nos décisions d'aujourd'hui au niveau mondial auront un effet sur le climat après 2050.* » Le dérèglement climatique est déjà présent, mais à l'heure actuelle nous le ressentons faiblement au quotidien. Malgré tout, il faut agir maintenant pour pouvoir changer les choses demain. « *Le message est difficile à faire passer pour cette raison. Mais l'humanité a encore entre les mains la possibilité de choisir le climat dans lequel elle veut vivre, ce qui reste assez rassurant* », poursuit Samuel Somot.

La hausse des températures aura une autre répercussion, l'aggravation des sécheresses et un réchauffement des sols, ce qui est lourd de conséquences pour les agriculteurs. David Salas, responsable du groupe de météorologie de grande échelle et climat à Météo-France/CNRS, nous explique les évolutions que vivent les agriculteurs : « *Météorologie et agriculture sont vraiment liées. La culture de la vigne est particulièrement impactée. Avec la hausse de la température, le taux de sucre des raisins augmente, ainsi que le degré d'alcool, des études l'ont démontré. La communauté viticole constate, d'année en année, que la qualité du raisin change et qu'il faut prendre des mesures. On peut continuer de cultiver de la vigne dans les mêmes régions mais il faudra changer les cépages et les pratiques de culture.* » Un autre problème va se poser, celui de l'irrigation. La ressource en eau est une question centrale pour ces métiers de la terre. « *Le cas se pose dans les Pyrénées Orientales, où il faut trouver des ressources en eau dans une région déjà très tendue sur ces questions. C'est un facteur important parce que l'évaporation a plus fortement augmenté, en lien avec le réchauffement des températures, que du fait du changement dans les précipitations. En Occitanie, les pluies n'ont pas tellement évolué contrairement à l'évaporation, la perte des ressources en eau devient alors très importante.* » D'autres cultures sont également concernées, car confrontées à de graves problèmes de production. « *Pour la culture du blé, les températures excessives sont un vrai problème notamment sur le blé dont les grains sont formés mais encore verts. Si la température dépasse les 28 °C, nous avons alors le phénomène d'échaudage qui se met en place, c'est-à-dire que les grains de blé cessent de grossir ou de mûrir, entraînant une perte sèche de la récolte.* » La France n'est pas un cas isolé. Les rendements, dans la plus grande partie des régions du monde, sont revus à la baisse à cause du réchauffement climatique. Certaines régions pourraient, en revanche, être favorisées par ces changements : en Scandinavie par exemple, la culture du maïs pourrait se développer, alors qu'il est presque impossible d'en cultiver aujourd'hui. La zone cultivable pour le blé également pourrait s'étendre plus au nord. De nouvelles perspectives voient le jour dans un sens négatif comme positif, et obligent dans tous les cas de figure nos agriculteurs à s'adapter à cette mutation profonde.

Les gaz à effet de serre sont les grands responsables de la hausse de la température mondiale. La solution pour tenter de mieux les contrôler pourrait venir de l'espace. Une future révolution est en marche, probablement aussi puissante que celle de la météorologie, grâce aux satellites nouvelle génération. Pascale Ultré-Guérard, directrice adjointe de la Programmation, de l'International et de la Qualité, travaille sur ces questions au sein de l'agence spatiale française, le CNES. *« Le défi sur lequel nous travaillons est l'estimation des gaz à effet de serre. Les Japonais ont lancé un premier satellite en 2009 qui s'appelle Gosat, puis les Américains ont mis en orbite OCO-2 en 2014 et viennent de placer l'instrument OCO-3 sur la Station spatiale internationale, mais ce sont vraiment les tout premiers modèles. Nous sommes aujourd'hui dans le retour d'expérience de ces missions, et essayons d'améliorer nos satellites pour avoir la meilleure mesure du* CO_2 *possible depuis l'espace. Nous sommes en train de mettre en place une coopération avec le Royaume-Uni sur le satellite MicroCarb. C'est tout l'enjeu de cette mission et des traitements de données qui seront associés. Son objectif est d'avoir une vision globale à l'échelle de la planète pour permettre aux scientifiques de comprendre comment la machine fonctionne. Il y a là aussi beaucoup de variabilité naturelle. Lorsque les forêts sont en période de croissance, elles absorbent du* CO_2 *alors qu'en période automnale, quand elles perdent leurs feuilles, elles vont en relâcher. »* Il y a donc un cycle naturel lié aux saisons qu'il faut bien avoir en main et identifier. Comprendre la globalité du processus est déjà un grand défi en soi. *« Nous avons mis en place sur MicroCarb un "city mode", qui va permettre de réaliser des mesures sur des zones précises où les émissions de* CO_2 *sont importantes, mais cela reste encore dans le domaine de la recherche. »*

Le CNES ne travaille pas seul sur ces questions. Au niveau européen, l'UE et l'ESA ont également lancé des projets dans le cadre du programme Copernicus, qui développe de nombreux satellites pour étudier l'environnement. *« Dans les prochaines générations des satellites Copernicus sur lesquels nous travaillons, l'un sera dédié à l'étude du carbone afin de cartographier les zones. On apprend beaucoup des problèmes rencontrés par les Américains et les Japonais. On espère obtenir des mesures plus fiables et précises. Les deux programmes de l'ESA et du CNES sont donc un peu complémentaires, le premier pourra permettre de recaler le second »*, précise Philippe Goudy, chef du département des projets d'observation de la Terre à l'ESA. Mesurer le CO_2 depuis l'espace est une chose extrêmement compliquée car ce gaz se dilue assez rapidement dans l'atmosphère. *« La proportion* *de CO_2 est quasiment identique à travers le monde. La différence entre un lieu très pollué et un moins pollué est au final très faible. C'est un peu comme du café au lait. Quand vous versez du lait dans votre café, cela fait une tache blanche qui se voit puis si vous mélangez vite les deux ingrédients, votre lait prendra une couleur marron uniforme, ne faisant plus la différence entre le café et le lait. Pour le CO_2 et l'atmosphère c'est la même chose, les deux sont totalement mélangés sur la planète. On aimerait aujourd'hui obtenir des mesures précises sur l'ensemble du globe. Au-dessus des océans par exemple, il est important de savoir s'ils absorbent vraiment le CO_2 comme nous le pensons. Au-dessus du pôle Nord, nous devons vérifier si ces grandes zones qui fondent relâchent réellement beaucoup de méthane et de CO_2, autant de questions sur lesquelles les réponses ne sont pas faciles à trouver et à affirmer* », détaille Philippe Goudy.

Pour le CNES, l'UE ou l'ESA, la politique de données est libre et ouverte, permettant un travail en toute transparence et rendant accessibles les informations. Tout le monde pourra les utiliser pour tenter des approches différentes. « *L'enjeu à court terme, c'est vraiment l'étude des gaz à effet de serre* », ajoute Pascale Ultré-Guérard. « *Nous sommes probablement face au même défi que celui que nous avons eu avec la météo. C'est-à-dire que les premiers capteurs qui ont été lancés pour faire de la météorologie depuis l'espace ont mis du temps à être maîtrisés. Nous sommes passés du domaine de la recherche expérimentale à l'utilisation quotidienne et opérationnelle en une dizaine d'années minimum. Je ne peux pas affirmer que nous pourrons faire du suivi opérationnel sur le CO_2 pour l'ensemble des pays, mais c'est malgré tout un objectif que l'on se fixe.* »

Une nouvelle révolution est donc en marche. Les satellites ont permis à la météo de connaître des avancées considérables, ils réussiront probablement ce même exploit en ce qui concerne le climat. Les résultats se feront cependant encore attendre quelques années.

L'ORAGE, LE PHÉNOMÈNE QUI FOUDROIE

Ce phénomène réveille en nous une fascination face à ce que la nature peut créer. Lorsque l'orage gronde, tapis dans l'ombre, à l'abri, derrière nos fenêtres, nous tentons tous d'apercevoir cet éclair qui va illuminer le paysage en une fraction de seconde.

Comment se développe l'orage? Quels sont les événements les plus marquants en France? Redoubleront-ils de puissance?

Partons à la rencontre de différentes personnalités, scientifique, chasseur d'orages, chercheur, qui vont nous exposer des histoires incroyables sur cette manifestation remarquable.

13 JUILLET 1788 : L'ORAGE QUI MENA À LA RÉVOLTE

Si vous demandez quel est le plus grand moment de l'Histoire française déclenché par de multiples facteurs météorologiques, nombreux sont ceux qui vous répondront en une fraction de seconde : la Révolution française. Même s'il est évident que ces phénomènes seuls n'auraient pas conduit à ce soulèvement de la population, ils ont été un véritable déclencheur dans un contexte social et économique très difficile.

Tout commence dès le printemps 1788, durant lequel une terrible sécheresse s'abat sur l'ensemble de la France. Selon l'historien du climat Emmanuel Le Roy Ladurie, au mois de juillet de cette année-là, le nord de l'hexagone a atteint 40 % de déficit de pluie et jusqu'à 80 % dans le sud-est. Le rendement des récoltes s'annonce bien plus faible que la normale, une chute de 20 à 30 %[1]. Après une saison catastrophique, les paysans manquent de grains

1. Selon l'interview réalisée par Météo-France de l'historien Emmanuel Le Roy Ladurie pour son article : « 13/07/1788 : un orage prérévolutionnaire. »

pour nourrir leurs bêtes, et nombreux sont ceux qui doivent se résoudre à abattre une partie de leurs troupeaux. À cette époque, l'immense majorité des Français cultivent eux-mêmes une parcelle de terre pour se nourrir. Leur alimentation est majoritairement composée de pain, dont l'amoindrissement des récoltes fait grimper le prix en flèche.

Une première difficulté suivie d'une deuxième, plus terrible encore. Le 12 juillet 1788, l'ambiance devient lourde. La chaleur est accablante, 33 °C sont relevés à Paris, c'est une de ces journées brûlantes et étouffantes. Charles-Joseph Messier, un célèbre astronome, relate les faits dans son ouvrage *Mémoires de Mathématiques et de Physique de 1788*. Il décrit l'arrivée d'un orage inattendu lors de cette journée qui avait si bien commencé : « *La matinée du 12 juillet 1788, à Paris, fut assez belle. Vers onze heures du matin, le ciel se couvrit en grande partie, et les nuages annonçoient de l'orage ; le vent étoit au sud-est, l'air calme ; une grande chaleur régnoit ; elle étoit étouffante et accablante : le ciel redevint assez beau l'après-midi, avec du soleil. À dix heures du soir, il se couvrit de nouveau en grande partie, se découvrit ensuite, et la nuit du 12 au 13 fut assez belle, à l'exception de quelques nuages.* » Les prémices d'un orage qui allait marquer à tout jamais le destin des Français. Un premier s'abat sur certaines régions dès la soirée de ce 12 juillet. Dans le *Rapport ou second mémoire sur l'orage à grêle du dimanche 13 juillet 1788*, de Leroi, Buache et Tessier, cet événement est relaté avec précision : « *Dès le 12 juillet au soir, un orage a porté la désolation dans beaucoup de villages.* [...] *Il a traversé le Maine, le Vexin, plusieurs départements de la Normandie, quelques cantons de la Picardie et a passé entre Boulogne et Calais pour aller finir en Angleterre. Ses dégâts eussent paru plus considérables, s'ils n'avoient, presqu'aussitôt été couverts par ceux du lendemain.* » Ils indiquent que près de 1 000 pommiers ont été déracinés près du Havre.

Cependant, un orage plus violent et dévastateur approche. Dès le matin du 13 juillet 1788, le vent se soulève violemment, les nuages s'agglomèrent et emplissent le ciel d'une masse noire inquiétante, plongeant une partie de la France dans une grande obscurité. Un tonnerre assourdissant brise le silence de la région avant de déchaîner des orages d'une violence effrayante. Des vents puissants, des pluies intenses mais surtout des grêlons gigantesques s'abattent en l'espace de 15 minutes seulement. Même s'il est compliqué d'affirmer un diamètre précis, les témoignages de ces experts minutieux concordent autour de ce phénomène. Charles-Joseph Messier indique que certains pèsent plus de 600 grammes, Henri-Alexandre Tessier raconte qu'à Rambouillet, ils sont aussi gros que son poing. Cet orage qui a pris naissance au large de l'île d'Oléron continue sa trajectoire en direction de la Touraine vers 6 h 30 en passant par la capitale à 8 h 30, termine sa course folle en France à 12 h 30 près de Lille avant de poursuivre son chemin aux Pays-Bas. Dans le *Rapport ou second mémoire sur l'orage à grêle du dimanche 13 juillet 1788*, les auteurs décrivent ce phénomène : « *Les momens qui précédèrent l'orage furent remarquables par plusieurs phénomènes, sur-tout par un bruissement considérable et par une obscurité extraordinaire. Le bruissement occasionné par la chute de grêlons qui se choquoient les uns contre les autres et frappoient fortement la terre, à quelque distance du lieu d'où on les entendoit, étoit véritablement effrayant et inspiroit à l'âme un sentiment de peine et de terreur involontaires.* »

Cet orage aura de lourdes conséquences pour les habitants de ces différentes régions. Des écrits racontent l'ampleur de cette violence orageuse. 11 749 vitres et ardoises du château de Rambouillet ont explosé sous la force de cette grêle. Sur le reste du pays, des moulins se sont effondrés, des maisons envolées, comme le précise Charles-Joseph Messier dans son rapport : « *En moins d'un quart d'heure, il ôta tout espoir de récolte. Tous les pays affectés de cet orage n'offroient plus que le spectacle de pays totalement ruinés et détruits par la grêle. Tout fut enterré, haché, abîmé, déraciné ; les toits découverts, les vitres brisées, les vaches et les moutons tués ou blessés ; le gibier, la volaille périrent. Plusieurs habitans, hommes et femmes, reçurent de dangereuses contusions.* » Il résumera très justement cet événement en déclarant : « *La mémoire de cette grêle se perpétuera longtemps dans les provinces qu'elle a dévastées, ruinées et ravagées.* » Ce sont plus de mille paroisses qui sont endommagées et près de 100 000 hectares de terre totalement anéantis sous le poids de ce tapis de grêlons aux dimensions surréalistes.

Le roi Louis XVI ne le sait pas encore, mais cet épisode devient le berceau de la Révolution française qui éclatera presque jour pour jour un an plus tard. Car la colère des Français va grandir au fur et à mesure des semaines et des mois à cause d'un problème vital : ils ne peuvent plus se nourrir. Le prix du pain connaît une envolée encore plus spectaculaire après l'anéantissement de toutes les cultures, suite au passage de l'orage. Dès le mois d'août, des émeutes éclatent en Bretagne, puis pendant l'automne en Provence. La pénurie se fait de plus en plus sentir. Le coup de grâce est porté par le terrible hiver qui dure près de 2 mois. La capitale connaît des jours de gel intense, les températures chutent jusqu'à -21 °C à Paris. Le prix du bois grimpe à son tour. Le peuple ne peut ni se nourrir suffisamment ni se chauffer. Près de 10 000 Français trépasseront pendant le mois de janvier 1789 ; des centaines d'émeutes font rage depuis ce terrible orage et continuent de gagner en puissance dans l'année. Des greniers sont pillés, des boulangeries ferment de peur d'être attaquées. En ce premier trimestre 1789, des informations circulent, répandant des rumeurs sur Marie-Antoinette et ses excès, de quoi accentuer la violence et la rage de la population affamée.

En juillet 1789, entre les mauvaises récoltes de l'année précédente et le début de l'été où la nouvelle moisson se fait attendre, le prix du pain atteint un nouveau record historique. Le 14 juillet, date de la prise de la Bastille, le peuple décide de prendre son histoire et son destin en main.

Qu'est-ce qu'un orage ?

L'orage est probablement l'un des phénomènes les plus fascinants qui soit. On le reconnaît à ses bruits profonds, ses éclairs lumineux qui nous surprennent et nous émerveillent autant qu'à ses gigantesques nuages très sombres, inquiétants, qui déversent brutalement des pluies diluviennes et parfois même de la grêle. Il est accompagné régulièrement par des vents violents, qui se lèvent souvent juste avant son apparition, nous prévenant de son arrivée.

Pour qu'un orage se forme, il faut à la fois des températures chaudes au sol et une perturbation apportant de l'air froid en altitude. L'air humide et plus doux monte naturellement. En s'élevant, il va se refroidir, créant de petites gouttelettes d'eau qui vont condenser et former le nuage d'orage. À l'intérieur de ce cumulonimbus, les températures sont négatives et les gouttelettes d'eau se transforment en petits morceaux de glace. Devenant trop lourds pour rester en suspension dans le nuage, ils finissent par tomber au sol, entraînant dans leur chute l'air froid contenu dans ce nuage. Voilà d'ailleurs ce qui explique pourquoi les températures baissent pendant ou après un orage. Selon leur taille, ces morceaux de glace arrivent au sol sous forme de pluie ou de grêle et, dans certaines conditions, la foudre peut se déclencher.

En effet, comme il existe de nombreux courants ascendants et descendants à l'intérieur de ce nuage, les gouttelettes d'eau vont se frotter les unes contre les autres. Ce mécanisme les charge en électricité, soit négativement, soit positivement. Les gouttelettes d'eau chargées positivement, plus légères, vont se retrouver au sommet du nuage, celles chargées négativement, plus lourdes, se logeront à sa base. Notre cumulonimbus va donc commencer à fonctionner comme une pile. Les charges négatives vont être attirées par les charges positives, que ce soit à l'intérieur du nuage ou à l'extérieur avec les charges positives présentes au sol. Quand la tension sera trop élevée entre elles, une décharge électrique va avoir lieu : la foudre. Celle-ci choisissant toujours le chemin le plus court, c'est pour cela qu'il ne faut surtout pas s'abriter sous un arbre lors d'un orage.

Le saviez-vous ?
Les orages et la Bretagne

La Bretagne est la région la moins foudroyée de France. En revanche, c'est elle qui comptabilise le plus d'impacts puissants… mais aussi le moins de jours d'orage par an. Météo-France a relevé une moyenne de 11,3[2] jours par an à Lorient.

L'orage dure généralement de quelques dizaines de minutes jusqu'à plusieurs heures. Différentes raisons permettent sa formation, par exemple un sol surchauffé en été, ou bien une perturbation qui traverse et développe ce que l'on appelle des lignes de grains. Les reliefs peuvent également provoquer leur apparition, on parle alors d'orages orographiques. Il est vrai que les orages sont plus nombreux

2. Une moyenne calculée sur la plus longue période disponible entre 1971 et 2000 par Météo-France.

en montagne qu'en plaine à cause de ce phénomène de blocage : un air chaud et humide qui rencontre une barrière naturelle, comme les montagnes, est forcé de s'élever pour la contourner. En montant, cet air va se refroidir et les gouttelettes d'eau présentes vont condenser pour former des nuages. Le relief va bloquer ces derniers qui vont devenir de plus en plus puissants, jusqu'à former un cumulonimbus.

> **Le saviez-vous ?**
> ***Podium des régions***
>
> *Les régions les plus foudroyées en France depuis les 30 dernières années sont : en 1e position, Provence-Alpes-Côte d'Azur, en 2e, Auvergne-Rhône-Alpes, et à la 3e place l'Occitanie*[3].

Alors qu'ils sont rares en hiver, les orages se font peu à peu plus nombreux dès le printemps pour atteindre le maximum de leur intensité lors des mois d'été. Selon Météo-France et Météorage, une filiale de Météo-France spécialisée dans ce phénomène, « *notamment sur le sud des Alpes et les Pyrénées où la densité de foudroiement est d'environ un impact par mois et par kilomètre carré* ».

Juillet, le mois le plus foudroyé

La France est un pays où les orages sont nombreux. On en compte en moyenne 250 jours par an selon Météorage, qui précise d'ailleurs qu'il se produit un impact de foudre dans l'hexagone plus de 2 jours sur 3 au minimum. Cependant, il existe des périodes plus propices que d'autres. Le mois de juillet est celui qui recense le plus d'activité ces dernières années. L'année 2006 aura particulièrement marqué les esprits car ce fut le mois le plus foudroyé de l'Histoire, avec plus de 375 000 impacts de foudre, 770 000 éclairs et 31 jours d'orage, soit l'intégralité du mois. Une période explosive.

3. Selon les données de Météorage.

Le fait marquant qui explique en partie cette folle période est la chaleur. Les journées à plus de 35 °C se succèdent dans le sud-est de la France. Une situation qui dure jusqu'aux premiers jours de juillet. La soirée du 3 juillet se solde par une dégradation orageuse sur l'ensemble du territoire qui dure plusieurs heures. Les rafales de vent avoisinent les 120 km/h, accompagnées de grêle et de fortes pluies. La journée du 4 juillet est la plus intense. Une violente salve pluvio-orageuse traverse alors l'ensemble du territoire, mettant ainsi un terme aux grosses chaleurs. Selon Météorage, ce sera la journée la plus électrique de tout le mois avec près de 55 000 points de contact et plus de 80 000 éclairs. Cette situation va persister jusqu'au 5 juillet, qui sera la deuxième journée la plus foudroyée de ce mois de juillet 2006.

Le saviez-vous ?
Podium des départements

En juillet 2006, c'est le département des Alpes-de-Haute-Provence qui aura enregistré le plus de points de contact : 22 000 pendant près de 26 jours d'orage. Vient ensuite la Drôme, puis les Hautes-Alpes.

La période chaude et sèche reprend ensuite le dessus à partir de mi-juillet. Un puissant anticyclone s'installe pour quelques jours, faisant de nouveau grimper le niveau du mercure. L'atmosphère reste néanmoins lourde. Les orages éclatent sous la pression de cette chaleur, particulièrement sur les reliefs. Une vigilance canicule est émise par les services de Météo-France ; on frôle les 40 °C dans l'Hérault. Avec cette humidité présente, la température ressentie devient intenable. Les orages continuent de se renforcer pour tenter de freiner la hausse du mercure. Avec une telle chaleur, le vent, la grêle et la foudre sont particulièrement intenses et violents, ce qui va durer jusqu'à la fin du mois.

Une autre période estivale a fait la une de l'actualité, celle de fin juillet 2013. Dès la nuit du 25 au 26 juillet, une première dégradation orageuse se développe du sud-ouest au nord de la France. Puis des supercellules vont produire des grêlons de 4 cm de diamètre, de fortes pluies parfois supérieures à 80 mm et des rafales de vent jusqu'à 110 km/h[4]. Dans la journée du 26 juillet de violents systèmes orageux se forment à nouveau sur les régions septentrionales. Un avant-goût de la dégradation qui arrive dans le courant de la soirée par le sud-ouest et qui se déploiera avec violence à son passage. Au début de la nuit du 27 juillet, un système orageux de très grande étendue se forme vers la Nouvelle-Aquitaine.

LE SAVIEZ-VOUS ?
La supercellule

Une supercellule est le nom donné à ces orages particulièrement violents qui peuvent rester actifs pendant plusieurs heures, contrairement aux orages classiques. Ces cellules orageuses autonomes ont la particularité d'être en rotation et peuvent tourner sur elles-mêmes pendant un certain temps. Ce sont elles qui sont à l'origine des tornades, et qui provoquent également de puissantes précipitations et des chutes de grêle.

Il va se produire un "derecho", un épisode convectif rare, généré par un vaste système orageux qui se déplace très vite, et peut parcourir des centaines de kilomètres. Il produit de très puissantes rafales descendantes. Celles-ci provoquent de tels dégâts qu'elles sont régulièrement confondues avec les tornades, bien que leur formation soit très différente. Ce sont les vents froids d'altitude qui plongent au sol avec beaucoup de vigueur, contrairement à la tornade qui est un tourbillon d'air chaud et froid comme nous l'avons vu dans les chapitres précédents. Ce phénomène provoque dans la région, cette nuit-là, des vents jusqu'à 165 km/h à Pauillac en Gironde, 131 km/h à Poitiers dans la Vienne selon l'institut Keraunos qui précise : « *Ce derecho est le premier à se produire en France depuis 2010.* »

Les conséquences sur le terrain parlent d'elles-mêmes. En Charente et dans la Vienne, des dizaines d'arbres sont arrachés, déracinés, dont

4. Selon l'institut Keraunos.

notamment 2 000 hectares au cœur de la forêt de la Vienne. Des toitures se sont envolées, des hangars ont été soufflés, sans oublier les maisons inondées par les pluies intenses qui ont accompagné ces orages supercellulaires, ainsi que des grêlons aussi gros que des balles de golf. Plus au sud, à Bordeaux, les images révèlent une ville sous les eaux avec des voitures totalement recouvertes.

Les mois de juillet sont rarement de tout repos lorsqu'il s'agit d'orages mais les années 2006 et 2013 ont été des périodes extraordinaires, au sens strict du terme.

2018, les orages qui ne s'arrêtent plus

Le mois de mai 2018 a démarré sous un déluge d'orages, de foudre et de grêle. Une situation présente tout au long du printemps et qui est restée stable pendant plusieurs mois. Cette anomalie a hissé cette année-là sur le podium des plus foudroyées.

La période la plus étonnante s'est déroulée entre fin mai et début juin 2018. Les orages se sont succédé avec une puissante intensité. Rien que sur le mois de mai, on a relevé 182 000 coups de foudre, pulvérisant l'ancien record datant de 2009 qui en comptabilisait seulement 80 000. « *Cet événement ressemblait à ce que l'on a normalement en juillet, qui est le mois le plus foudroyé. C'est un cas totalement exceptionnel pour cette période* », confirme Stéphane Schmitt, spécialiste de la foudre à Météorage. Ce n'est pas le seul phénomène qui fait parler de lui. Depuis plusieurs jours, des pluies intenses s'abattent sur la France, accompagnées de grêle, provoquant inondations et coulées de boue. Cette anomalie va durer encore de nombreux jours. « *Il y a eu toute une série de jours d'orage marquée par beaucoup de grêle et de foudre. C'est leur fréquence qui a été notable, pas leur violence. C'est une situation de blocage au niveau des centres d'action avec des dépressions calées sur la France. Sa durée marque l'originalité de la situation* », note Emmanuel Wesolek, co-fondateur de Keraunos

Le saviez-vous ?
***Top 3 des départements les plus foudroyés en 2018*[5]**

En tête, ce sont les Bouches-du-Rhône qui subissent le plus d'éclairs sur les 12 mois de l'année 2018. Vient ensuite, en 2e position, le Gard, et à la 3e place la Corse qui clôt ce podium.

C'est un anticyclone bloqué en Scandinavie qui a laissé passer toutes les dégradations plus au sud, une situation qui a démarré dès le début du mois de mai avec une récurrence des orages. Selon l'institut Keraunos, il y a eu 21 journées où ils ont été forts et 3 particulièrement violents. Au total, Météorage va comptabiliser, sur ce mois de mai, près de 182 000 éclairs nuage-sol et près de 2 millions de décharges atmosphériques. Les conséquences ont été graves surtout dans la seconde quinzaine du mois où ils se sont avérés plus puissants. Une femme de 78 ans a été fulgurée mais survivra, bien que l'éclair l'ait traversée ; elle sera tout même gravement blessée. Des animaux ont également été foudroyés. Des inondations ont tout emporté sur leur passage, des orages de grêle ont dévasté de nombreux vignobles.

Le saviez-vous ?
Fulguré ou foudroyé ?

Lorsque la foudre traverse un être vivant, il y a deux possibilités. Soit elle ressort en le laissant en vie, dans ce cas on parle de quelqu'un qui a été fulguré. Dans le cas où la foudre provoque le décès, on utilise le terme de foudroyé.

La foudre génère une puissance destructrice avec une tension de 100 millions de volts, une force impressionnante. D'ailleurs lorsqu'un éclair survient, il élève brutalement la température en altitude à 30 000 °C. Une valeur qui disparaît aussi instantanément qu'elle est apparue. L'année 2018 bat tous les records car même si les

5. Selon les données de Météorage.

orages les plus exceptionnels par leur fréquence se sont concentrés sur le mois de mai, ils ont démarré tôt dans la saison : dès le mois de mars, et sans interruption jusqu'en octobre. Une situation atypique qui explique que 2018 soit l'année la plus foudroyée depuis 30 ans avec près de 725 000 éclairs nuage-sol recensés, soit 2 fois plus qu'en 2017 selon les chiffres de Météorage. Ces données sont encore plus impressionnantes lorsque l'on évoque les éclairs intranuageux, c'est-à-dire ceux qui éclatent entre les parties inférieures et supérieures du nuage. Il y en a eu plus de 8 millions. Il faut dire que la situation a été propice grâce à un printemps où les contrastes de températures entre air chaud au sol et air froid en altitude ont été très importants, suivi d'un été caniculaire où régulièrement de petites dépressions se sont infiltrées, provoquant l'étincelle pour déclencher des orages puissants.

Les orages entre passion et grand spectacle

Les orages fascinent par leur force, leur beauté, leur puissance, mais nous inquiètent également. Ils peuvent se révéler destructeurs. Les photos de cette sublime manifestation nous interpellent, montrant parfois à quel point la foudre peut s'abattre près de nous. L'éclair, cet événement bref et soudain, est capturé par les objectifs de passionnés qui prennent de nombreux risques pour nous permettre de l'admirer.

Christophe Suarez fait partie de ces chasseurs d'orages qui, à travers la pluie, le vent, la grêle et la foudre, nous offre des clichés spectaculaires. Sa spécialité est de les photographier en hauteur. Il nous raconte les prémices de cette passion. « *Au départ, c'est une motivation due à une expérience personnelle qui m'a poussé à chasser les orages. À 9 ans, un éclair a frappé le sol à quelques mètres de moi, un événement qui m'a beaucoup marqué et même traumatisé. Quelque part, j'ai eu envie de conjurer le sort et d'aller au-devant de la foudre, car elle me fascine autant qu'elle m'effraie.* » Il a attendu de nombreuses années avant de se lancer dans cette aventure. « *Lorsque j'ai vu le film* Twister, *j'ai eu une révélation. Puis, j'ai découvert Alex Hermant et son ouvrage* Traqueur d'orages, *véritable bible pour les passionnés. Un livre extraordinaire qui se vend une fortune aujourd'hui. C'est devenu un graal pour les passionnés d'orages français. Dans les années 90, je faisais quelques photos en argentique, mais je trouvais difficile de les prendre avec ce type de matériel. Le rendu des couleurs et la qualité des images de nuit étaient aléatoires. À l'ère du numérique, la prise de vue est devenue plus simple et je me suis vraiment lancé. C'était en 2004. Nous étions moins nombreux à pratiquer cette activité. Comme je ne trouvais pas assez d'informations sur Internet, j'ai décidé de créer une communauté virtuelle. Rapidement, il y a eu une grande émulation, et je me suis rendu compte que de nombreuses personnes s'intéressaient aussi au sujet. Ensemble, on échangeait, on s'entraidait.* »

L'aventure débute, mais la prévision des orages est une activité complexe qu'il ne maîtrise pas encore. C'est la rencontre avec un prévisionniste et chasseur d'orages reconnu qui va tout changer. « *J'ai eu la chance de rencontrer Dean Gill, un météorologue qui travaille pour Météo Suisse, et qui m'a enseigné les rudiments de la prévision. Pour bien comprendre les orages, il y a des paramètres essentiels à connaître, comme la température à différentes altitudes, qui soulignent les contrastes de masses d'air, le comportement des vents, l'humidité, etc. Ces paramètres sont récupérables sur des modèles météo disponibles gratuitement sur internet. Les modèles s'affinent d'année en année, notamment ceux à maille fine, qui m'intéressent plus précisément pour les orages. Leur compréhension est importante, et même essentielle.* » Christophe Suarez analyse plusieurs éléments avant le départ : « *Je suis toujours à l'affût des dernières sorties de modèles météo, de bulletins ou d'informations. Lorsque j'entrevois une fenêtre, plusieurs jours à l'avance, je passe du temps à les étudier et cale mon agenda. La veille, je consulte des modèles plus précis, pour affiner l'événement. Je regarde comment se comportent les précipitations, j'analyse les paramètres de convergence des vents, les températures en altitude, l'humidité dans les basses couches et en altitude, pour évaluer le potentiel orageux. Une fois tous ces éléments répertoriés, j'ai une bonne idée de la situation et du lieu où je me positionnerai. Je ne cours pas après l'orage. Je préfère l'intercepter pour avoir l'image que j'ai choisie, avec un point de vue puissant, plutôt que de glaner une image quelconque. Les chasseurs de tornades, eux, se déplacent bien plus, mais ce sont des orages de nature différente.* »

On se laisse surprendre par la beauté des paysages sur ses photos. Christophe Suarez apprécie tout particulièrement les lieux au-dessus de Genève. « *Pour un orage, je peux me déplacer dans un rayon de mille kilomètres, en Italie ou dans le sud de la France. Dans ma région, il y a deux endroits que j'affectionne particulièrement : le mont Salève, qui surplombe le Genevois, et le haut lac Léman. Comme il y a 80 km entre les deux, on peut se faire avoir si on ne fait pas le bon choix, car l'orage reste souvent un phénomène localisé.* » Le lieu ne fait pas tout, il est nécessaire d'avoir le matériel adéquat. « *Pour moi, chasser l'orage, c'est communier avec la nature. Je ne me suis pas aménagé une voiture spécifique, car j'aime rester dehors, au contact des éléments. J'ai conçu une protection pour mon matériel, qui peut rester sous une pluie modérée. Dans la voiture, j'ai toujours avec moi un téléphone, une tablette, un ordinateur avec connexion internet, bref tout ce dont j'ai besoin pour être relié en permanence à mes amis qui chassent en même temps que moi les orages, et avoir accès au radar des précipitations.* »

Le facteur risque est important lors de ces chasses. La foudre menace, plane au-dessus de lui à chaque instant. Un danger qu'il prend en compte à chaque sortie. Pour s'en prémunir, il a appris à détecter les signaux avant-coureurs. « *Pour me protéger de la foudre, je reste toujours près de mon véhicule. Comme je suis souvent sur un point haut, je vois le rideau de pluie arriver sur moi. La foudre se loge souvent un peu à l'avant, puis dans le rideau de précipitations. Le signal est donné par l'arrivée de gouttes de pluie lourdes et froides. À ce moment-là, je sais que je suis susceptible de me faire foudroyer. Il est temps de me réfugier dans le véhicule. Les éclairs extranuageux peuvent frapper à plus de 10 km du nuage et sont plus dangereux, car ils sont imprévisibles. La voiture est ma protection, mon assurance vie.* » Au-delà de la foudre, Christophe Suarez a appris à reconnaître les signes précurseurs d'orage. « *Je regarde le cumulonimbus pour savoir si sa base est bien formée, si le rideau de précipitations est dense, ce qui accroît ou pas la chance d'avoir un coup de foudre. Il y a des nuages qui peuvent susciter des trombes sur l'eau, ou des tornades sur terre. Elles sont beaucoup plus rares chez nous qu'aux États-Unis, mais il y en a tous les ans. Avec l'expérience, à l'œil, je vois des situations qui se dessinent. Par exemple, si un arcus*[6] *arrive, on sait qu'il a de fortes chances qu'un front de rafale soit lié.* »

Parmi ces multiples chasses, une est largement sortie du lot. Le photographe en parle encore aujourd'hui avec émotion. Ce fut pour

6. Un arcus est un nuage bas qui se forme à l'avant d'un orage et qui présage l'arrivée de précipitations. Sa forme en arc allongé est très reconnaissable.

lui à la fois une nuit incroyable et un accomplissement personnel. « *Il y a quelques années, il y a eu un orage fabuleux au mont Salève, qu'on appelle aussi le balcon de Genève. C'est un peu l'orage de ma vie. Je ne m'y attendais pas. J'étais sur un point haut, et je regardais du côté des Alpes. Puis, à un moment, des flashes de lumière sont apparus de l'autre côté, au-dessus de la ville. J'étais à 1 000 mètres d'altitude. J'ai vu l'orage arriver avec une structure magnifique, bien dessinée, c'était incroyable. Et d'un coup, les éléments se sont déchaînés. Il y a eu des dizaines de coups de foudre, tous plus beaux les uns que les autres. Pour l'anecdote, j'avais pris deux appareils photo avec moi. Sur l'un des deux, la batterie était vide, sur l'autre, il m'en restait la moitié. J'avais trouvé un abri mais je devais surélever le trépied pour passer au-dessus d'une petite barre qui était en face pour des raisons esthétiques. J'avais trouvé une petite table, un peu bancale, sur laquelle je l'ai posé. Je n'avais qu'une crainte, qu'elle fasse bouger mon appareil. L'orage est passé, j'ai pris des dizaines de photos. Je suis resté littéralement scotché devant ce spectacle pendant de longues minutes.* »

Ce spectacle grandiose et unique lui a valu une magnifique récompense. « *À l'époque, ce type de photos n'était pas fréquent. La plupart des gens prenaient les clichés en plaine, pas sur les hauteurs. Ces images ont fait le tour du monde. En 2008, la revue américaine* Astronomie magazine *a édité un hors-série sur la météo extrême. Plusieurs chasseurs d'orages américains très renommés y ont été interviewés. Un des rédacteurs du magazine m'a contacté pour publier une des photos de Genève en double page. Voir mon travail associé à celui de grands chasseurs d'orages américains était juste fou.* »

Christophe Suarez continue de nous émerveiller avec ses sublimes images, depuis les hauteurs de Genève. La foudre qu'il photographie se forme à travers des orages classiques, mais il existe d'autres situations propices à son développement, totalement atypiques.

Orage de Catatumbo

Je vous emmène dans le nord-ouest du Venezuela où un phénomène météorologique étrange se produit. Des dizaines d'éclairs se produisent en l'espace de plusieurs heures. Pas seulement durant quelques soirées mais pendant près de 6 mois ! Chaque orage dure une dizaine d'heures et se forme au-dessus du lac Maracaibo, à l'embouchure du Rio Catatumbo, d'où son surnom. Il peut décharger jusqu'à 250 à 280 éclairs par heure. Sa puissance dépasse tout ce que l'on connaît des orages classiques, elle est 2 à 3 fois plus intense. C'est tout simplement un phénomène hors du commun.

Ce qui étonne les spécialistes ? Les orages se forment toujours au même endroit, contrairement aux nôtres qui circulent et ne perturbent jamais la même région ou très rarement. La foudre s'abat systématiquement après le coucher du soleil, jamais pendant la journée, un autre mystère que les scientifiques tentent de résoudre.

L'hypothèse la plus vraisemblable est que ce lac se situe dans une zone fermée où deux masses d'air s'entrechoquent. D'un côté de l'air chaud et humide venant des Caraïbes, et de l'autre un air frais de la cordillère des Andes. Naturellement, l'instabilité devient très importante et s'autorégénère continuellement dans ce circuit fermé. Elle est d'autant plus amplifiée que le lac se trouve entouré de montagnes. Les marécages aux alentours rejetteraient du méthane dans l'atmosphère, ce qui serait le carburant de la forte électrisation des nuages. Cependant, d'autres études démontrent le contraire. Personne ne trouve une explication définitive aux orages de Catatumbo. Le mystère reste encore entier.

Orage volcanique

Vous avez peut-être eu la chance d'apercevoir des images de ces éclairs qui jaillissent dans le nuage éruptif d'un volcan. Ce sont des orages volcaniques. Il ne s'agit pas d'un cumulonimbus qui se forme au-dessus du volcan, c'est bien l'éruption en elle-même qui est responsable de la naissance de la foudre.

Là encore, tous les spécialistes ne sont pas d'accord sur les raisons de son développement. L'hypothèse la plus répandue est que les cendres sont éjectées violemment et vont ensuite se percuter les unes contre les autres. Les particules de cendres réagiraient alors exactement de la même manière que les gouttelettes d'eau qui s'entrechoquent dans le nuage d'orage. En se frottant, elles s'électrisent, et ces charges provoquent ensuite des éclairs.

Rappelez-vous les sublimes images filmées lors de l'éruption de l'Etna en 2015. Alors que le volcan est en pleine éruption, des éclairs gigantesques traversent ce panache de fumée et de cendre. Un spectacle inoubliable qui a illustré ce phénomène rare.

Orage spatial

Figurez-vous que les éclairs ne sont pas une spécificité terrestre. Depuis l'espace les astronautes en voient également et ils sont d'une tout autre catégorie. Leurs noms vous évoquent peut-être quelque chose : on les appelle les elfes, les farfadets, les jets bleus.

Jean-François Clervoy, 5e astronaute français à être allé dans l'espace, nous explique ces manifestations appelées phénomènes lumineux transitoires : « *C'est un événement spectaculaire mais très furtif. Lorsqu'ils surviennent, ils sont toujours associés à une décharge qui part vers le bas, alors que l'inverse n'est pas vrai. Il y a forcément des orages au sol lorsqu'ils se produisent.* » Ces éclairs fascinants de la haute atmosphère sont connus depuis plus d'un siècle. Mais ils ont été observés pour la toute première fois en 1990 seulement.

Les farfadets se forment dans la mésosphère. Ils ressemblent à des éclairs verticaux rouges qui apparaissent très brièvement, et se forment en général par paquets. Ils ressemblent à des méduses dont le corps peut se situer à 80 km d'altitude avec des filaments descendant jusqu'à 50 km. Les elfes sont au-dessus d'eux, situés dans l'ionosphère à 100 km d'altitude. Ils ressemblent à un gigantesque disque qui peut faire près de 200 à 500 km de diamètre. Quant aux jets bleus, ce sont les plus proches de nous, présents dans la stratosphère. Ce sont des lueurs bleues qui s'échappent du nuage d'orage en direction de l'espace. « *L'ensemble de ces phénomènes lumineux transitoires ne se voit pas à l'œil nu. Ils durent quelques millièmes de secondes. Un astronaute patient qui regarde constamment dans une région où ils se produisent verra peut-être un flash une fraction de seconde mais il ne pourra pas les décrire aussi bien que les caméras que l'on a mises au point aujourd'hui pour les étudier, comme celles embarquées dans la Station spatiale internationale.* »

Une particularité qui n'est pas uniquement présente sur notre Terre. « *D'autres planètes du système solaire, en particulier les géantes gazeuses, présentent des aurores polaires, elles connaissent donc probablement des phénomènes lumineux transitoires. Tout objet céleste qui possède une atmosphère est susceptible de générer ce type de phénomènes.* »

Les éclairs, la foudre et les orages sont encore bien mystérieux, mais restent toujours aussi magiques.

Les orages face au réchauffement climatique

La question de l'évolution des orages s'est posée lors de l'année exceptionnelle qu'a connue la France en 2018, des records dus à une période de blocage et qui nous ont interpellés. Selon Météorage, le centre européen de surveillance des orages, ce risque naturel cause chaque année 15 000 incendies par an en France. En Europe, il y a 350 jours d'orage par an, ce qui signifie qu'il n'y a quasiment pas une journée dans l'année sans ce phénomène météo. Ce sont près de 6 à 8 millions de décharges dans le monde par jour qui jaillissent de ces gigantesques cumulonimbus. Un chiffre déroutant qui explique pourquoi la foudre est la 25e cause de décès dans le monde. C'est pour toutes ces raisons que l'inquiétude monte. Deviennent-ils plus puissants ? plus nombreux ? plus intenses ? Les orages sont-ils impactés par le réchauffement climatique ? Les experts tentent de répondre à cette question.

À l'image des tornades, les orages font partie de ces manifestations météorologiques dont l'étude, du point de vue climatologique, a commencé récemment. Le recul manque pour avoir des certitudes. « *Les premières observations d'orages issues de télédétection datent seulement de 1987. À cette époque, c'étaient des technologies différentes de celles utilisées aujourd'hui et le réseau n'était pas très étendu ni très bien réparti. Finalement, nous pouvons dire que nous avons un réseau avec une bonne couverture et des données fiables depuis le début des années 2000 seulement* », précise Jean-Michel Soubeyroux, directeur adjoint de la climatologie à Météo-France. La France est le premier pays au monde à s'être doté d'un réseau d'observation des orages qui couvre l'intégralité du territoire. De tous les pays européens, nous possédons la plus grande base de données sur la foudre. « *Au niveau de la fréquence des orages, les données anciennes sont peu utilisables pour établir un diagnostic du changement climatique. On a parfois des relevés de jours d'orage sur des lieux précis qui remontent au* XVIII*e siècle. Sur un point précis, nous pouvons avoir une idée de la fréquence des orages mais plus difficilement de leur évolution dans le temps car les modes d'observation ont beaucoup évolué. Il est encore plus compliqué de savoir s'il y a un impact du réchauffement climatique sur leur nombre dans leur globalité. Ce que l'on sait, c'est qu'il n'y aucune corrélation directe avec l'évolution des températures* », confirme Emmanuel Wesolek, co-fondateur de Keraunos.

Si la température de l'atmosphère augmente, la probabilité d'avoir des orages grimpe également car c'est une des conditions de leur formation. Pour autant ce n'est pas la seule. « *En augmentant mon stock de poudre, je fais grimper la probabilité d'avoir une grosse explosion. Mais pour l'obtenir, j'ai besoin quoiqu'il arrive d'une étincelle. Il y a d'autres variables qui entrent en ligne de compte. Le gradient de température est une condition d'instabilité, mais ce n'est pas la seule* », argumente Stéphane Schmitt, expert des phénomènes foudre chez Météorage. « *Regardez la canicule de 2003, elle n'a pas permis d'engendrer des orages exceptionnels. C'est même une année qui se situe proche des moyennes, contrairement aux années 1995 ou 2018 qui sont sur le podium des plus foudroyées.* » Nous pouvons seulement élaborer des hypothèses, à l'heure où j'écris ces mots, qui se construisent sur la base des conditions nécessaires à la formation d'un orage. « *Si on met en évidence que les pluies intenses augmentent tant en fréquence qu'en intensité, alors cela signifie vraisemblablement que l'activité des orages suit la même évolution puisque c'est directement lié. Même si les modèles climatiques aujourd'hui ne savent pas représenter dans le détail les processus au sein d'un orage comme le nombre d'éclairs par exemple, ce serait logique de penser que l'intensité des orages va augmenter en lien avec celle des pluies extrêmes* », explique Jean-Michel Soubeyroux.

Pour qu'un orage se forme, il ne faut pas uniquement de la chaleur au sol, c'est pour cela qu'on ne voit pas d'effet important sur la fréquence. « *Cependant, cet air chaud est, assez souvent, plus humide, du fait qu'il a davantage de capacité à contenir de la vapeur d'eau. Cela a deux conséquences : d'une part les orages produiraient plus d'activité électrique, d'autre part, ces orages pourraient donner plus de précipitations. Ce sont les deux conséquences possibles du réchauffement climatique sur l'activité orageuse. Pas forcément d'incidence sur la fréquence* », détaille Emmanuel Wesolek.

Mais ces hypothèses sont difficiles à vérifier. Les outils pour le faire n'existent pas encore. « *Les modélisations climatiques ne représentent pas les orages, ils ne savent pas le faire, du moins pas encore. Il faut utiliser d'autres types d'approches pour arriver à les simuler, c'est un travail qui reste encore à accomplir* », confirme Jean-Michel Soubeyroux. Plusieurs études ont été menées pour faire le parallèle entre l'augmentation de la température et la recrudescence d'orages. Au stade actuel, les corrélations sont pourtant loin d'être évidentes selon Stéphane Schmitt : « *Une étude publiée dans* Science *a fait mention d'une augmentation de 12 % d'éclairs par degré supplémentaire de température, puis, quelques mois après, une autre étude parue dans* Nature *a fait mention d'une baisse de 15 % à l'horizon 2100. C'est encore compliqué de faire des projections et il y a tellement d'interrogations. Pas sur l'augmentation de la température, mais sur ses conséquences qui ne font pas l'unanimité dans la communauté scientifique.* » Pour lui, par rapport à l'historique de nos observations, il n'y a pas d'évolution significative : « *En se basant par rapport à nos données foudre des 30 dernières années en France, on ne peut pas conclure à une évolution significative car la foudre reste un phénomène erratique.* »

Le réchauffement climatique a-t-il une incidence sur les orages ? Pour le moment, il est impossible de répondre à cette question tant leur observation est récente. Les scientifiques se sont malgré tout emparés du sujet. De nombreuses études sont en cours mais les résultats ne concordent pas, personne ne peut affirmer s'il y aura davantage d'orages, d'éclairs ou même de grêle avec une augmentation de la température. En revanche, les experts s'accordent pour dire qu'il existe une forte probabilité pour qu'ils soient plus pluvieux car évoluant dans une atmosphère plus chaude et humide, ils auront donc un réservoir de vapeur d'eau plus important, à l'image des résultats obtenus pour les pluies intenses en Méditerranée. Il faudra attendre encore quelques années, comme pour les tornades, pour commencer à obtenir des réponses plus précises sur le sujet.

CONCLUSION

La météo devient-elle folle en France? Sommes-nous en train de faire face à un déchaînement des éléments? Après avoir lu cet ouvrage, vous aurez compris que la réponse n'est pas aussi facile qu'un simple oui ou non. Depuis toujours, ces phénomènes existent et font partie de notre quotidien. Il y a eu des épisodes violents dans le passé et il y en aura encore dans les temps à venir. Cependant, les études scientifiques le prouvent, certains d'entre eux évoluent. Cela ne se fait pas d'une manière brutale mais plutôt lentement.

Une histoire peut nous aider à comprendre ce que nous sommes en train de vivre, c'est la fable de la grenouille. Si vous tentez de plonger une grenouille dans de l'eau bouillante, elle va s'échapper brutalement pour sortir de cet environnement qui met en péril sa vie. Nous pouvons comparer ce scénario à des phénomènes météorologiques puissants. En revanche, si vous mettez cette grenouille dans une eau fraîche et que cette eau se met à chauffer lentement, la grenouille va s'habituer au fur et à mesure à ce nouvel environnement… jusqu'à l'issue funeste. C'est en quelque sorte ce que nous sommes en train de vivre avec le réchauffement climatique. Une fable bien connue et souvent utilisée pour expliquer qu'un changement arrivant très lentement peut nous échapper totalement et s'avérer fatal, du fait que les êtres vivants possèdent une faculté d'adaptation.

La météo ne devient pas hors de contrôle en France, cependant, elle évolue et se transforme. Vous avez pu le lire au fil des pages, lorsque les scientifiques parlent de certains événements plus intenses, les chiffres ne passent pas du simple au double, ils progressent de quelques pourcents. Certains phénomènes s'aggraveraient, d'autres, au contraire, perdraient une partie de leur énergie. L'homme doit s'adapter à ces changements et se développer en prenant la mesure de ces risques. La météo ne devient pas folle mais vit plutôt une période de mutation à cause du réchauffement de la planète. Les océans et l'atmosphère régissent notre climat et influent sur les éléments mais l'homme a encore entre ses mains la possibilité d'inverser la tendance en prenant les mesures nécessaires.

La vraie question est : quelle météo souhaitez-vous avoir à partir de 2050 ? Nous avons encore le choix de notre avenir.

SOURCES DE DOCUMENTATION ET BIBLIOGRAPHIE

Films, reportages, documentaires, expositions

- *Le Monde selon Christophe Colomb*, un film de Paolo Santini, 2012.

- *La Tempête du siècle*, un film de Jean-François Delassus, sur une idée de Stéphane Millière, 2004.

- *Les Plus Grandes Catastrophes naturelles*, un film de Jeremy Turner, 2016.

- *Hiver 54, l'abbé Pierre*, un film de Denis Amar, 1989.

- *Le Jour d'après*, un film de Roland Emmerich, 2004.

- *Detroit, une ville entre le rêve et la ruine*, un film de Roland May, 2009.

- *Flash-Back - La canicule 2003 : un été meurtrier*, un documentaire de Simon Thisse et Emmanuelle Sudre, 2012.

- *Journal le 13/14*, France 3, le 11 août 2003, Images d'archive INA.

- *Journal de 20 heures*, Antenne 2, août 1976, Images d'archive INA.

- *Ouragan*, épisode 1: « Prévoir l'imprévisible », épisode 2: « La nature sous influence », épisode 3: « De la tempête au chaos » un documentaire de John Jackson et Andy Byatt, 2014.

- *Sale temps pour la planète, France: côtes d'alerte*, un documentaire de Morad Aït Habbouche et Charlotte Tortat, 2013.

- « 150 ans d'Histoire du climat », exposition de Météo-France. http://archivesduclimat.meteofrance.fr

Livres, parutions, documents

- Extrait du rapport de l'amiral Jehenne, commandant les formations de marins détachés aux armées. Annexe XXI, mai 1915-avril 1919. Document repris sous format Word par Bernard Dulou.

- *Archives de l'aéronautique militaire de la Première Guerre mondiale, archives de La Défense* par Francine de Auer-Véran, sous la direction de Pascal Gallien, Georges Rech et Agnès Chablat-Beylot.

- *Histoire de la vie et des voyages de l'amiral Christophe Colomb*, Alain Fournier, 2017.

- *Divine wind, the history and science of hurricanes*, Kerry A. Emanuel, 2005.

- *D'où viennent les tempêtes* ?, Robert Sadourny, 2005.

- *La Foudre et les phénomènes orageux*, Raymond Piccoli, 2017.

- *Et s'il avait fait beau ? De l'influence de la météo sur les grands événements de l'Histoire,* Laura Lee (traduit par Thierry Piélat), 2007.

- *La Campagne de Russie de 1812 : mythes et réalités*, Nathalie Petiteau, 2012.

- « Aperçu de la campagne de Russie à travers les Mémoires inédits du général Joseph Puniet de Montfort », Michel Roucaud, *Revue historique des armées*, 267 | 2012, 114-118.

- *Journal d'un grognard de l'Empire*, souvenirs du sergent Jean-Baptiste Ricome, présentés par Jacques Garnier, Presses du CNRS, 1988.

- *Mémoires de Napoléon,* partie écrite par le Général Baron Gourgaud, corrigées de la main de Napoléon, Bibliothèque historique et militaire, dédiée à l'armée et à la garde nationale de France.

- *L'Antarctique, le rêve d'une vie,* Mike Horn, 2018.

- *Le Banquet des savants,* Ausonius Éditions, Athénée de Naucratis, 2018.

- *Œuvres complètes ; Le roi Henri V,* Pagnerre, William Shakespeare, 1873.

- *Le Drame d'Azincourt,* Valérie Toureille, 2015.

- Rapport du département sur la crue de 1992, Vaison-la-Romaine. http://www.vaison-la-romaine.com/IMG/pdf/11-crue_de_1992.pdf

- *Dernière bataille des chevaliers, Azincourt 1415*, François Neveux, 2015.

- « HyMeX, les campagnes de mesures : focus sur les événements extrêmes en Méditerranée », publication des scientifiques ayant travaillé sur ce sujet dans la revue *La Météorologie*, 2013.

- « Présentation du projet HyMeX », article des scientifiques à paraître dans la revue *La Houille Blanche.*

- *Les Risques hydrométéorologiques en Méditerranée,* de Véronique Ducrocq, chef du groupe de météorologie de moyenne échelle à Météo-France/CNRS, 2016.

- « A Framework for Relating the Structures and Recovery Statistics in Pressure Time-Series Surveys for Dust Devils », publication scientifique des Américains Brian Jackson, Ralph Lorenz, Karan Davis, *Icarus*, 2017.

- 5e rapport du GIEC.

- Rapport : « Projections climatiques des conditions météorologiques et de l'enneigement dans les Pyrénées au XXIe siècle », travaux menés dans le cadre du projet CLIMPY, par Samuel Morin, Déborah Verfaillie, Jean-Michel Soubeyroux, Matthieu Lafaysse et Michel Déqué.

- Rapport : « Base de données neige et indicateurs basés sur les observations et simulations », travaux menés par Jean-Michel Soubeyroux, Nuria Duran Gomez, Carlo Carmagnola, Samuel Morin, Déborah Verfaillie, Didier Grimal et Stephan Defoy.

- « Le changement climatique dans les Pyrénées : impacts, vulnérabilités et adaptation », résumé du rapport OPCC2, 2018.

- « Climate Change, Frigid Temperatures and the Polar Vortex : 3 Things to Know », publication de Kelly Levin pour le World Ressources Institute, 2019.

- *Mémoire de Mathématiques et de Physique de 1788*, Charles-Joseph Messier, académie royale des sciences.

- *Mémoire sur l'orage du dimanche 13 juillet 1788*, Henri-Alexandre Tessier, académie royale des sciences.

- *Rapport ou second mémoire sur l'orage à grêle du dimanche 13 juillet 1788*, Leroi, Buache et Tessier, 1789.

- « L'Orage du 13 juillet 1788. L'histoire avant la tourmente », article de Anouchka Vasak paru dans la revue *Le Débat* n° 130, Gallimard, 2004.

REMERCIEMENTS

Ce livre n'aurait pas pu voir le jour sans l'aide précieuse de ces fabuleuses personnes qui m'ont accordé de leur temps, à la fois lors des échanges que nous avons eus jusqu'au moment de la relecture de cet ouvrage.

Je tenais à remercier particulièrement les chercheurs de Météo-France. J'ai passé avec eux deux journées formidables à la Météopole, où j'ai appris tant de choses et découvert des personnalités passionnantes. Jean-Michel Soubeyroux, Fabrice Chauvin, Samuel Somot, David Salas, Véronique Ducrocq, Valéry Masson, Samuel Morin, Roland Séférian, merci pour nos échanges et votre relecture minutieuse. Merci à Anne Orliac, Emmanuel Bocrie et Jean-Marc Destruel d'avoir rendu ces entrevues possibles. Sans oublier Christian Vincent, avec qui j'ai tant appris sur les glaciers, et Stéphane Schmitt, qui m'a expliqué les orages et la foudre avec tant d'enthousiasme.

L'univers de l'espace m'était jusqu'à aujourd'hui totalement méconnu. J'ai découvert des personnalités d'une qualité exceptionnelle, des passionnés qui ont cette envie de transmettre. Merci à Christian Vannier, fondateur et directeur du Forum International de la Météo et du Climat, de m'avoir permis d'entrer en contact avec ces formidables scientifiques. Merci à Raphaël Sart, Pierre Tabary, et Pascal Ultré-Guérard du CNES, à Philippe Goudy de l'ESA et Paul Counet d'EUMETSAT, nos échanges furent enrichissants. Merci à l'astronaute Jean-François Clervoy, avec qui j'ai eu une discussion emplie de sincérité et d'émotion. Merci à l'armée de l'air américaine qui m'a donné l'autorisation d'interviewer Garret Black. Merci Garret pour cet échange et votre aide précieuse pour comprendre ce travail si important que vous réalisez. Merci également à Patrick Coulombel, fondateur des Architectes de l'urgence, qui effectue des missions essentielles et a répondu à mes questions avec beaucoup de franchise et d'engagement.

Il y a ceux aussi dont on suit le travail depuis plusieurs mois, voire années, et qui ont accepté d'apporter leur expertise sur certains sujets ou de se livrer plus personnellement. C'est le cas de Christophe Suarez, chasseur d'orages, dont je diffuse régulièrement les sublimes photos dans les journaux météo de France 2. Merci d'avoir transmis votre histoire et votre vision sur ce phénomène passionnant, tout comme Jean-François Massicotte, fondateur de Québec Vortex, qui, même de l'autre côté de l'Atlantique, a pris le temps de me raconter ses chasses de tornades. Merci également à l'observatoire Keraunos qui réalise un travail minutieux sur les tornades et les orages en France et m'a donné la possibilité de mieux comprendre leur évolution.

Merci également à Joël Collado dont j'ai toujours admiré le travail et qui a accepté de parler de son vécu lors des tempêtes Martin et Lothar. Merci à Françoise Laborde, pour sa générosité et son éclairage sur l'évolution du traitement de l'information concernant les phénomènes météorologiques. Merci à François Gabart et son routeur Jean-Yves Bernot qui m'ont ouvert une perspective passionnante sur les tempêtes en mer et la stratégie météo lors des régates. Merci à Serge Orru et à Charlotte Benoît pour leur confiance et leur aide afin de réaliser l'interview de la maire de Paris, et bien évidemment à Anne Hidalgo d'avoir pris le temps de répondre aux questions malgré un emploi du temps surchargé. Merci à Vincent Callebaut d'avoir bien voulu partager sa vision futuriste des métropoles. Sans oublier Patrick de Bellefeuille, mon homologue québécois, qui m'a mise en relation avec le météorologue américain Jay Trobec. Et bien évidemment, un merci tout particulier à Christian Reverbel, un des précurseurs dans son domaine avec qui j'ai eu de beaux échanges lors des Rencontres Climat Météo Montagne qu'il organise. Merci à Jean-Louis Étienne d'apporter un récit si inspirant sur ses prodigieuses aventures, avec comme but absolu une volonté de transmettre la beauté des pôles afin de mieux les préserver, mais aussi à Jean Jouzel d'avoir rendu possible cette rencontre et accepté cet échange sur les glaces en Arctique et en Antarctique.

Enfin merci à Sébastien Léas, prévisionniste à Météo-France mais surtout un ami de longue date, qui m'a donné l'opportunité de comprendre avec une grande précision la formation d'une tornade. À ma chère maman, Denise, et mon beau-père Henri, qui ont été d'un immense soutien dans ce travail si solitaire de l'écriture, et qui ont veillé à corriger la moindre coquille qui se cachait dans mes textes. Des remerciements particuliers à Julie Daniel, mon éditrice. Merci pour ses conseils et son soutien pendant ces nombreuses semaines. Sans oublier Corinne Binois pour sa relecture minutieuse et ses conseils avisés. Et bien évidemment mon mari, Julien, mon plus grand soutien et allié, qui ne doute jamais de l'accomplissement de nos rêves. Merci à Nathalie Rihouet, qui est toujours d'un soutien sans faille lorsque je me lance dans de nouveaux projets, merci à Christophe Tortora, merci à Pascal Doucet-Bon et Yannick Letranchant de m'avoir soutenue dans cette aventure littéraire.

Et surtout, merci à vous d'avoir pris le temps de lire ce livre. En espérant qu'il vous aura apporté et appris de nombreuses choses sur la météo.

TABLE DES MATIÈRES

Mise en pages réalisée par
Jacques Motllo – 66470 – Sainte-Marie-la-Mer
90/2019

Achevé d'imprimer par
Nouvelle Imprimerie Laballery,
en octobre 2019
N° d'imprimeur : 908283

Dépôt légal : octobre 2019

Imprimé en France